Thisaru Panagoda
Thilina Halloluwa
Samantha Thelijjagoda

Avaliação e conceção de uma ferramenta de interação para M-Learning

Thisaru Panagoda
Thilina Halloluwa
Samantha Thelijjagoda

Avaliação e conceção de uma ferramenta de interação para M-Learning

ScienciaScripts

Cover image: www.ingimage.com

This book is a translation from the original published under ISBN 978-3-659-85177-3.

Publisher:
Sciencia Scripts
is a trademark of
Dodo Books Indian Ocean Ltd. and OmniScriptum S.R.L publishing group

120 High Road, East Finchley, London, N2 9ED, United Kingdom
Str. Armeneasca 28/1, office 1, Chisinau MD-2012, Republic of Moldova, Europe
Printed at: see last page
ISBN: 978-620-8-34994-3

Índice

Resumo

Avaliação e conceção de uma ferramenta de interação para a aceitação da aprendizagem móvel por parte de estudantes e professores no sector do ensino superior do Sri Lanka

T.Wasana Panagoda

Os dispositivos móveis evoluíram de artigo de luxo para necessidade humana na vida moderna, o que era um contraste com o que tinham há alguns anos. Na maioria das indústrias, os dispositivos móveis são utilizados para realizar as suas actividades diárias de forma mais eficaz e fácil. Apesar de outras profissões terem avançado com as tecnologias no Sri Lanka, o sistema educativo continua a depender de métodos de aprendizagem tradicionais, em que os estudantes universitários continuam a depender das aulas para obter bons resultados. E, na maioria dos casos, acabam por obter resultados baixos devido à falta de tecnologia. Para ultrapassar estes problemas, o m-learning foi introduzido no sistema de ensino superior. Atualmente, o m-learning é uma das metodologias de ensino mais populares do mundo. Esta tecnologia pode ser utilizada em qualquer lugar e em qualquer altura. A popularidade do m-learning tem vindo a aumentar, mas trata-se ainda de um novo conceito para o sistema educativo do Sri Lanka. Antes de introduzir esta tecnologia no sistema educativo do Sri Lanka, os investigadores devem determinar se os estudantes e os professores aceitam ou não esta tecnologia. Através desta investigação, o investigador identificará quais são os factores que afectam a aceitação da aprendizagem móvel no Sri Lanka e, finalmente, apresentará um modelo próprio. O investigador descreverá os factores que afectam o m-learning no Sri Lanka utilizando o modelo UTAUT e o protótipo da ferramenta de aprendizagem móvel que pode ser utilizada em qualquer lugar e a qualquer momento. No futuro, este modelo e protótipo de ferramenta serão desenvolvidos por engenheiros de software para desenvolver aplicações móveis no domínio da educação.

Agradecimentos

Esta tese não teria sido possível sem a orientação e a ajuda de várias pessoas que, de uma forma ou de outra, contribuíram e prestaram a sua valiosa assistência na preparação e conclusão deste estudo.

A minha mais profunda gratidão à minha orientadora, a Dra. Samantha Thelijjagoda, e à minha supervisora externa, a Sr. Thilina Halawulla. Tive a incrível sorte de ter orientadores que me deram a liberdade de explorar por mim próprio e, ao mesmo tempo, a orientação para recuperar quando os meus passos vacilaram.

A Dra. Samantha Thelijjagoda ensinou-me a questionar pensamentos e a exprimir ideias. A sua paciência e apoio ajudaram-me a ultrapassar muitas situações de crise e a terminar esta tese. O Sr. Thilina ensinou-me quais são as áreas que tenho de considerar e partilhou comigo as suas ideias.

Gostaria de manifestar a minha gratidão a todos os meus colegas que me deram apoio moral em muitos domínios.

Por último, mas não menos importante, devo a minha profunda gratidão aos membros da minha família pelo enorme apoio que me deram para que este trabalho fosse um sucesso.

Lista de abreviaturas

Abbreviation	Description
E-learning	Electronic Learning
M-Learning	Mobile Learning
UTAUT model	Unified Theory of Acceptance and Use of Technology model
TAM	Technology Acceptance Model
TAM 2	Technology Acceptance Model 2
TRA	Theory of Reasoned Action
TPB	Theory of Planned Behavior
DTPB	Decomposed Theory of Planned Behavior
PC	Personal Computer
PDA	Personal Digital Assistance
PE	Perceived Enjoyment
PMV	Perceived Mobility Value (PMV)
C-TAM-TPB	Combined TAM and TPB (C-TAM-TPB)
MPCU	Model of PC Utilization
IDT	Innovation Diffusion Theory
SCT	Social Cognitive Theory

Table 1 - List of Abbreviations

Capítulo 1

Introdução

1.1 Antecedentes do estudo

Os dispositivos móveis evoluíram de artigo de luxo para necessidade humana na vida moderna, o que é um contraste com o que se verificava há alguns anos. O custo do dispositivo diminuiu significativamente com o aumento da procura de dispositivos nos últimos anos e o número de concorrentes no mercado aumentou juntamente com esse aumento.

Como resultado da concorrência, os dispositivos móveis foram introduzidos no mercado com novas tecnologias, a maioria das quais com capacidades multifuncionais para realizar várias tarefas num único dispositivo.

Atualmente, as pessoas utilizam os dispositivos móveis para muitas das suas tarefas quotidianas, como enviar e-mails, pagar contas, enviar dinheiro, jogar, enviar MMS, ver vídeos, reservar bilhetes em linha, descarregar artigos, tirar fotografias, aceder às redes sociais e ler livros.

A maior parte dos profissionais utiliza telemóveis no seu trabalho quotidiano. Por exemplo, os médicos utilizam os telemóveis para examinar os doentes, manter os seus registos e atribuir medicamentos sem os consultar. Os jornalistas utilizam os telemóveis para gravar, tomar notas, tirar fotografias, escrever notas e procurar informações relevantes. Isto ajudou a tornar as suas vidas mais fáceis do que antes.

No que diz respeito à educação, a maioria dos países continua a utilizar os métodos tradicionais e de aprendizagem eletrónica para satisfazer a procura de educação. Mas com o aumento das necessidades de conhecimento dos estudantes, estes dois métodos de ensino revelaram-se insuficientes. Isto deve-se ao facto de os alunos terem sempre expectativas diferentes sobre o que é a aprendizagem e como deve ser feita.

Se os professores continuarem a utilizar métodos tradicionais, será difícil satisfazer as necessidades dos estudantes, porque não é possível ao professor fornecer tudo e satisfazer os estudantes num período de tempo limitado. Por outro lado, os estudantes não gostam de despender tempo adicional para as aulas extra, tendo em conta a sua agenda preenchida. Para ultrapassar este problema, foi introduzido o e-learning, mas não foi bem sucedido porque nem todos os estudantes têm computadores pessoais ou portáteis com ligação à Internet em casa.

Com os cenários acima referidos dos actuais sistemas de ensino, é claramente visível um fosso entre as necessidades dos professores e as dos estudantes. Para colmatar esta lacuna e ultrapassar este problema, os educadores introduziram o m-learning no domínio da educação.

As instalações de aprendizagem móvel permitem aos estudantes utilizar os seus dispositivos móveis dentro e fora da sala de aula. Desta forma, os professores podem transmitir facilmente as suas aulas aos alunos. Atualmente, a maioria dos países utiliza a tecnologia m-learning no seu sistema educativo. Utilizam-na para ler e descarregar documentos na sala de aula, para encontrar respostas para debates activos e para encontrar pormenores sobre o tema do professor. Os estudantes podem utilizar a tecnologia m-learning em qualquer lugar, a qualquer hora e em qualquer sítio. Através desta tecnologia, os estudantes podem encontrar novos conhecimentos e resolver os seus problemas dentro e fora da sala de aula.

Embora o conceito seja muito eficaz no domínio da educação, a maioria dos países ainda não adoptou esta nova tecnologia. Mas quando começarem a utilizar esta tecnologia, poderão obter benefícios tanto para os estudantes como para os professores, aumentando os resultados e os resultados de aprendizagem, o que contribuirá também para o desenvolvimento dos países. A aceitação desta tecnologia é uma forma potencial de satisfazer as necessidades dos estudantes e dos professores na atual era digital.

1.2 Área de estudo

Os dispositivos móveis tornaram-se drasticamente populares na sociedade atual do Sri Lanka. Na maioria das indústrias, os dispositivos móveis são utilizados para realizar as suas actividades diárias de forma mais eficaz e fácil. Por exemplo, os médicos utilizam os telemóveis para examinar os pacientes, manter os seus registos e atribuir medicamentos sem os consultar. Os jornalistas utilizam os telemóveis para gravar entrevistas, tomar notas, tirar fotografias, escrever notas e procurar informações relevantes. Os advogados utilizam os telemóveis para manter os clientes informados, guardar memorandos, pesquisar informações relacionadas com os processos e tomar notas.

Apesar de outras profissões terem avançado com as tecnologias no Sri Lanka, o sistema educativo continua a depender das tecnologias tradicionais e de e-learning, e os estudantes universitários continuam a depender dos seus professores para obterem resultados. E, na maioria dos casos, acabam por ter resultados inferiores aos que esperavam obter devido à má utilização da tecnologia, o que resulta numa vida universitária miserável para os estudantes.

De acordo com Andrew et.al, os métodos tradicionais de interação na sala de aula, como responder à pergunta, dar respostas voluntárias e levantar a mão, nem sempre são eficazes. Os alunos não se voluntariam para responder nas turmas grandes devido a várias razões, como a timidez, o medo e a dúvida sobre se a sua resposta vai estar certa ou errada. [1]

O espaço da sala de aula é outro problema que ocorre devido ao método tradicional. O número de estudantes que entram na universidade tem aumentado todos os anos e o espaço para as aulas continua a ser o mesmo, apesar do aumento do número de estudantes. Por outro lado, o professor não conseguirá prestar atenção a toda a turma com o aumento do número de alunos nas aulas.

Além disso, neste método tradicional, os estudantes têm de assistir às aulas diariamente. Como resultado, perdem a oportunidade de se envolverem em trabalhos a tempo parcial porque, uma vez envolvidos, não poderão assistir às aulas. Isto tornou-se um grande problema, uma vez que os estudantes que saíram da universidade apenas equipados com um diploma e conhecimentos teatrais perderam a oportunidade de obter a experiência industrial necessária. Por este motivo, a maioria dos estudantes licenciados não consegue emprego após a licenciatura, o que não é o caso noutros países, onde existem sistemas de aprendizagem em linha que lhes dão tempo para obter experiência de trabalho durante o período de licenciatura.

Para ultrapassar os problemas acima referidos, foi introduzido o método de aprendizagem eletrónica no sistema educativo do Sri Lanka. A aprendizagem eletrónica é um método de transmissão de conhecimentos através de meios electrónicos para os utilizadores remotos. As vantagens do método de aprendizagem eletrónica podem ser plenamente alcançadas quando os estudantes de pós-graduação ou de licenciatura se dedicam à aprendizagem enquanto trabalham e estão geograficamente dispersos devido à sua vida familiar e profissional, pelo que lhes é difícil comparecer fisicamente nas sessões de ensino. [2]

Para utilizar o sistema de aprendizagem eletrónica, o estudante deve ter um computador portátil ou pessoal com acesso à Internet. Mas todos os estudantes do Sri Lanka não dispõem de Internet no seu computador pessoal. Por este motivo, a aprendizagem eletrónica não teve o êxito esperado no Sri Lanka.

Para ultrapassar os problemas acima referidos, os educadores do Sri Lanka pensaram em introduzir a tecnologia m-learning no país. De acordo com as estatísticas, dos 20,48 milhões de habitantes, 2,5 milhões de pessoas acedem à Internet a partir dos seus dispositivos móveis. Mais de 80% das pessoas que vivem em zonas rurais utilizam dispositivos móveis. Isto reflecte o facto de os dispositivos móveis serem mais baratos do que os computadores e de, com eles, as pessoas poderem aceder facilmente a qualquer lugar e a qualquer momento. Devido às razões acima mencionadas, o m-learning pode ser muito bem sucedido no Sri Lanka, apesar de o país ainda não ter adotado esta tecnologia.

A principal razão para isto é que os educadores ainda não estão conscientes da perceção dos estudantes e dos professores sobre esta matéria e não conhecem os factores que contribuem para o sucesso da aprendizagem móvel no Sri Lanka.

A investigação atual ainda não explorou plenamente o potencial de permitir que os alunos utilizem dispositivos móveis pessoais como ferramentas educativas dentro e fora da sala de aula.

1.3 Estrutura da dissertação

O capítulo inicial do presente documento apresenta um historial relacionado com o tema. Descreve a área de estudo, a especificação do problema, as questões de investigação e os objectivos de investigação que o investigador pretende abranger através deste projeto de investigação.

O segundo capítulo descreve as informações existentes ou trabalhos semelhantes relacionados com o tema da investigação. Esta secção descreve em pormenor os trabalhos de investigação que foram realizados por vários outros investigadores no mesmo domínio.

O terceiro capítulo destaca a metodologia que o investigador vai utilizar para realizar esta investigação. Esta secção descreve em pormenor o tipo de investigação, os dados que vão ser utilizados, os métodos e as técnicas, o modelo proposto, as dimensões da investigação e as hipóteses.

O capítulo seguinte explica pormenorizadamente os resultados obtidos. Neste capítulo, todos os resultados obtidos com recurso a diferentes técnicas estatísticas foram claramente apresentados sob a forma de tabelas. Além disso, foram fornecidas descrições dos resultados para cada uma das técnicas estatísticas utilizadas.

O quinto capítulo apresenta uma análise crítica dos resultados recolhidos. Neste capítulo, os resultados recolhidos foram analisados em pormenor para verificar se correspondem ou não às hipóteses formuladas pelo investigador.

O capítulo final apresenta uma conclusão que menciona que o investigador é capaz de cobrir todos os objectivos especificados. Além disso, descreve a hipótese alcançada pelo investigador. Por fim, são explicadas as recomendações. Por último, todas as referências utilizadas para este projeto de investigação foram claramente indicadas na bibliografia. Todas as informações que são importantes para tirar conclusões, mas que não estão relacionadas com a ideia principal do projeto, são indicadas nos apêndices.

1.4 Finalidades e objectivos

Atualmente, o m-learning é uma das metodologias de ensino mais populares do mundo. É popular não só entre os estudantes, mas também entre os professores. Esta tecnologia pode ser utilizada em qualquer lugar e em qualquer altura e, por isso, a popularidade do m-learning irá aumentar rapidamente, apesar de ser ainda um conceito novo para o sistema educativo do Sri Lanka.

Antes de introduzir esta tecnologia no sistema educativo do Sri Lanka, os investigadores devem determinar se os estudantes e os professores aceitam ou não esta tecnologia. Para obter uma solução genérica para a questão acima referida, são definidos os seguintes objectivos

1.4.1. Objetivo principal

Introduzir um modelo de aceitação da aprendizagem móvel por parte de estudantes e professores no sector do ensino superior no Sri Lanka.

1.4.2. Subobjectivo

i. **Investigar a situação atual da aprendizagem móvel no Sri Lanka**

Como subobjectivo inicial, é importante ter conhecimentos de base sobre a situação atual da aprendizagem móvel no Sri Lanka. No âmbito deste subobjectivo, será realizada uma análise exaustiva sobre a forma como os estudantes utilizam atualmente os seus dispositivos móveis para fins educativos e onde os utilizam atualmente.

ii. **Descobrir se os estudantes e os professores estão preparados para utilizar os dispositivos móveis.**

Este estudo irá investigar a vontade dos estudantes e dos professores de adoptarem a tecnologia de aprendizagem móvel. Por outras palavras, os estudantes e os professores estão ou não dispostos a utilizar os dispositivos móveis na sala de aula.

iii. **Analisar a perspetiva dos professores quando os alunos utilizam dispositivos móveis na sala de aula.**

Este sub-objetivo ilustra a perspetiva dos professores quando os alunos utilizam dispositivos móveis na sala de aula. Por outras palavras, o investigador vai descobrir se os professores permitem ou não que os seus alunos utilizem dispositivos móveis na sala de aula e obter o seu feedback sobre o assunto.

iv. **Investigar o impacto da utilização formal de dispositivos móveis por alunos e professores na aprendizagem, no ensino, no empenho e na participação nas actividades da sala de aula.**

Isto ilustrará o impacto dos dispositivos móveis na aprendizagem, no empenho e na participação dos alunos na sala de aula. Também indicará a participação dos alunos nas aulas dentro da sala de aula quando estão a utilizar dispositivos móveis.

Através deste objetivo, o investigador poderá identificar se os estudantes têm maior ou menor impacto na sua aprendizagem, empenho e participação quando utilizam dispositivos móveis.

v. **Criar um modelo de aceitação que descreva a aceitação da aprendizagem móvel por parte de estudantes e professores no sector do ensino superior no Sri Lanka.**

Através deste objetivo, o investigador poderá descrever os factores que afectam a aceitação da aprendizagem móvel por parte de estudantes e professores no sector do ensino superior no Sri Lanka, utilizando um modelo.

vi. **Conceção de um ambiente de protótipo móvel.**

Através deste objetivo, o investigador poderá criar um protótipo de uma ferramenta de aplicação móvel que corresponda às necessidades dos estudantes e dos professores.

1.5 Questões de investigação

De acordo com o problema de investigação acima referido, as questões de investigação podem ser ilustradas da seguinte forma

1.5.1 . Questão principal da investigação

Como definir um modelo concetual sobre a aceitação da aprendizagem móvel por parte de estudantes e professores no sector do ensino superior no Sri Lanka?

1.5.2 Perguntas de investigação secundárias

1) Como é que os alunos utilizam atualmente os seus dispositivos móveis para fins educativos?

2) Qual é a perspetiva dos professores em relação aos estudantes que utilizam dispositivos móveis para fins educativos?

3) Como é que a utilização formal de dispositivos móveis afectaria a aprendizagem, o empenho e a participação dos alunos na sala de aula?

4) Estarão os estudantes e os professores preparados para utilizar os dispositivos móveis na sala de aula?

5) Quais são os factores que influenciam a aceitação da aprendizagem móvel no ensino superior por parte dos estudantes e dos professores?

6) Quais são as diretrizes de conceção do ambiente de aprendizagem móvel para estudantes e professores universitários?

Capítulo 2

Revisão da literatura

2.1 O que é a aprendizagem eletrónica

A aprendizagem eletrónica tornou-se um método de ensino à distância muito popular no domínio da educação. Muitas universidades e institutos utilizam o e-learning em diferentes áreas de estudo para facilitar os métodos de ensino e aprendizagem. O e-learning ajuda as universidades a gerir com êxito os programas de ensino à distância. De acordo com os dados secundários recolhidos, não existe uma definição clara de e-learning.

S.K.Behera et.al define "E-learning é um meio de educação que incorpora a auto-motivação, a comunicação, a eficiência e a tecnologia. É um termo flexível utilizado para descrever um meio de ensino através da tecnologia". A aprendizagem eletrónica é "a dimensão da experiência da aprendizagem eletrónica que inclui factores como o envolvimento, a curiosidade, a simulação e a prática". Outra definição de e-learning, que pode ser mencionada como formação ministrada num computador utilizando CDs, DVDs e comunicação via Internet para apoiar o ensino e a aprendizagem institucionais. De acordo com Hall, em 1997, "o e-learning é uma instrução ministrada eletronicamente, em parte ou na totalidade, através de um navegador Web, da Internet ou de uma intranet, ou através de plataformas multimédia, como CD-ROM ou DVD". De acordo com Allen, em 2003, "e-learning é uma utilização estruturada e intencional de um sistema eletrónico ou de um sistema de apoio informático". [3]

A aprendizagem eletrónica significa a partilha de conhecimentos através da Internet, de computadores e de redes que permitem a transferência de competências e conhecimentos. As aplicações de aprendizagem eletrónica incluem sistemas de gestão da aprendizagem baseados na Web, salas de aula virtuais, salas de aula informatizadas, etc. O e-learning não tem limites de localização.

2.2 Vantagens e Desvantagens do E-Learning

Vantagens da aprendizagem eletrónica

De acordo com a investigação anterior, as vantagens da aprendizagem eletrónica são as seguintes.[3][4]

- **Instruções individualizadas:** O e-learning fornece instruções individualizadas adequadas às necessidades, capacidades, estilos de aprendizagem e interesses dos aprendentes. O e-learning tem muito potencial para tornar a educação, a instrução e as oportunidades de aprendizagem oferecidas aos formandos adaptáveis às necessidades, às necessidades locais e aos recursos de que dispõem. Assim, é o centro do aprendente.

- **Fácil acesso:** Os aprendentes podem aceder à informação e aos conteúdos educativos em qualquer altura e em qualquer lugar. O e-learning está disponível mesmo em zonas onde não há escolas ou colégios. Pode chegar a qualquer zona remota ou distante do país ou do mundo.

- **Crianças desfavorecidas:** Está disponível para aqueles que têm problemas de saúde ou condições desvantajosas que os podem inibir de frequentar qualquer educação institucionalizada. O e-learning permite que mesmo os deficientes, como os surdos e os mudos, aprendam.

- **Qualitativa:** O e-learning tem a caraterística única de permitir o acesso a um número ilimitado de estudantes à mesma qualidade de conteúdos que um estudante a tempo inteiro tem.

- **Meios de comunicação eficazes:** A aprendizagem eletrónica pode revelar-se um meio e uma ferramenta eficazes para fazer face ao problema da falta de professores formados, da escassez de escolas e das instalações necessárias para proporcionar uma educação de qualidade a um grande número de estudantes que residem em locais distantes do país.

- **Diferentes estilos de aprendizagem:** Ao contrário do ensino tradicional em sala de aula, o e-learning pode atender a diferentes estilos de aprendizagem e promover a colaboração entre estudantes de diferentes localidades, culturas, regiões, estados e países.

- **Flexibilidade:** A flexibilidade do e-learning em termos de meios de distribuição (como CD, DVD, computadores portáteis e telemóveis), tipo de cursos e acesso pode revelar-se muito benéfica para os formandos.

- **O espírito lúdico e a aprendizagem pela ação:** As experiências de aprendizagem através de técnicas de simulação e de jogos podem também proporcionar as vantagens de obter experiências mais ricas sobre as bases pedagógicas úteis do espírito lúdico e da aprendizagem pela ação ou pelo abandono.

- **Interessante e motivador:** A aprendizagem eletrónica pode tornar os estudantes mais interessados e motivados para a aprendizagem, uma vez que podem obter uma grande variedade de experiências de aprendizagem através do acesso a multimédia.

- **Interação em linha, fora de linha e em direto:** As oportunidades de interação em linha, fora de linha e em direto entre os estudantes e os professores e entre os próprios estudantes podem tornar a tarefa de e-learning uma alternativa agradável e melhor do que a interação viva face a face e a partilha em tempo real das experiências numa sala de aula tradicional.

- **Auto-aprendizagem e auto-aperfeiçoamento:** A aprendizagem eletrónica conduz à auto-aprendizagem. Pode ser utilizada para melhorar as competências técnicas e profissionais.

- **Avaliação e feedback:** A aprendizagem eletrónica pode também proporcionar oportunidades para testar e avaliar os resultados da aprendizagem dos aprendentes através dos professores, dos pares e de dispositivos e software auto-instrucionais disponíveis com o material didático em linha, ou através da Internet e dos telemóveis.

- **Plataforma cruzada:** Os alunos podem aceder às aplicações de aprendizagem eletrónica através de qualquer navegador.

Desvantagens da aprendizagem eletrónica

Embora existam muitas vantagens na aprendizagem eletrónica, também existem desvantagens. De acordo com o trabalho de investigação anterior, as desvantagens da aprendizagem eletrónica são as seguintes [3] [4]

- **Exige conhecimentos e competências:** Requer conhecimentos e competências para utilizar a Internet e as aplicações Web. A falta de conhecimentos e competências neste domínio pode impedir que se tire partido dos valiosos serviços do Elearning.

- **Falta de equipamento:** A maior parte das nossas escolas não está de todo preparada, disposta e equipada para utilizar a aprendizagem eletrónica no interesse dos professores e dos alunos. Exceptuando um pequeno número de escolas públicas autofinanciadas destinadas a filhos de pais ricos, a maioria das escolas do nosso país nem sequer se imagina a aventurar-se no domínio da aprendizagem eletrónica.

- **Custo:** A aprendizagem eletrónica é mais dispendiosa do que o ensino tradicional. As ferramentas de aprendizagem eletrónica são muito caras. A sua reparação também é muito dispendiosa.

- **Falta de programas de formação de professores:** Não existe a possibilidade de equipar os professores nos seus programas de formação pré-serviço ou em serviço para se familiarizarem com os conhecimentos e competências necessários para a utilização do e-learning nos seus locais de trabalho. Como resultado, os professores não têm qualquer inclinação para o e-learning nem têm qualquer competência para a sua organização na escola ou para orientar os seus alunos na sua utilização.

- **Atitude negativa:** A atitude geral dos aprendentes, professores, pais, autoridades educativas e sociedade é geralmente negativa em relação aos processos e produtos da aprendizagem eletrónica. A aprendizagem eletrónica é considerada de segunda categoria em comparação com o ensino regular em sala de aula.

- **Efeitos adversos na saúde:** A aprendizagem eletrónica afecta negativamente a visão e algumas outras partes do corpo. Os aprendentes tornam-se fisicamente inactivos. Por vezes, tornam-se vítimas de doenças físicas.

- **Falta de actividades co-curriculares:** As actividades co-curriculares têm grande importância no domínio da aprendizagem e da educação. Mas estas actividades são negligenciadas na aprendizagem eletrónica.

- **Defeito técnico:** A aprendizagem eletrónica baseia-se na tecnologia. Quando ocorre um defeito técnico, a aprendizagem eletrónica pára. Consequentemente, a continuidade da aprendizagem é quebrada e não há progresso na aprendizagem eletrónica.

2.3 O que é o M-learning

M-learning é a norma para a aprendizagem móvel utilizada no domínio da educação. Existem muitas definições para o M-learning. O M-learning baseia-se nos dispositivos móveis, como telemóveis, tablets, iPad, computadores portáteis, cadernos de notas e qualquer outro dispositivo portátil. J. Traxler definiu o m-learning como a entrega de materiais de aprendizagem electrónicos a dispositivos móveis que, atualmente, são computadores de mão, como computadores portáteis de pequenas dimensões, tablets, mas não computadores de secretária, e telemóveis, como telemóveis, telefones inteligentes, assistentes pessoais digitais (PDA), computadores de bolso, incluindo a aprendizagem que pode ocorrer em qualquer lugar e a qualquer momento. [5]

De acordo com Ayman, a aprendizagem móvel refere-se à utilização de dispositivos informáticos móveis e portáteis, tais como a Assistência Pessoal Digital (PDA), os telemóveis, os computadores portáteis e as tecnologias PC, no ensino e na aprendizagem. [6] De um modo geral, a aprendizagem móvel tem sido frequentemente considerada como uma aprendizagem mediada por tecnologias móveis. A aprendizagem móvel refere-se à utilização de dispositivos móveis ou sem fios para efeitos de aprendizagem em movimento. [7]

A aprendizagem móvel é uma nova etapa no desenvolvimento da aprendizagem eletrónica e da aprendizagem à distância. Refere-se a qualquer aprendizagem que ocorra através de dispositivos móveis sem fios, tais como telemóveis inteligentes, PDAs e tablet PCs, em que estes dispositivos são capazes de se deslocar com os alunos para permitir a aprendizagem em qualquer altura e em qualquer lugar. [8] De acordo com Mallet, o principal aspeto do m-learning é a mobilidade. [9]

A aprendizagem móvel é um novo modo de aprendizagem que melhora a forma como os conteúdos são oferecidos aos estudantes através da utilização de tecnologias móveis. [10] A aprendizagem móvel que utiliza dispositivos ubíquos será uma abordagem bem sucedida agora e no futuro, porque estes dispositivos são mais atractivos para os estudantes do ensino superior por várias razões; uma delas é que os dispositivos móveis são mais baratos em comparação com os PCs normais; além disso, são ferramentas satisfatórias e económicas. [8] A aprendizagem móvel contribui para a espontaneidade e o oportunismo do processo de aprendizagem, uma vez que o aprendente pode aproveitar o tempo, o espaço e todas as oportunidades para aprender espontaneamente, de acordo com os seus interesses e necessidades. Observa-se que o êxito da aprendizagem móvel pode depender da disponibilidade dos utilizadores para adoptarem novas tecnologias e um estilo de aprendizagem diferente daquele a que estão habituados. Ao contrário dos contextos de aprendizagem convencionais, como as aulas presenciais, a utilização da aprendizagem móvel é considerada uma nova opção e não uma obrigação. Assim, a questão-chave para o sucesso da aprendizagem móvel é a vontade cognitiva e subjectiva do indivíduo de se envolver em actividades de aprendizagem móvel. [11]

2.4 M-Learning e E-Learning

A aprendizagem eletrónica é geralmente definida como a aprendizagem através de dispositivos electrónicos, tais como computadores de secretária, computadores portáteis, leitores de CD/DVD, que surgiram pela primeira vez nos anos 80 como um concorrente do tradicional ensino presencial. [6]

A aprendizagem eletrónica desempenha um papel importante no crescimento educativo de qualquer nação. Oferece também oportunidades às nações em desenvolvimento para melhorarem o seu desenvolvimento educativo. A aprendizagem eletrónica abrange todas as formas de ensino e aprendizagem apoiadas eletronicamente. Os sistemas de informação e comunicação, quer estejam ligados em rede ou não, servem de meios específicos para implementar o processo de aprendizagem. É muito provável que o termo continue a ser utilizado para fazer referência à experiência educativa fora e dentro da sala de aula através da tecnologia, mesmo que os avanços continuem no que respeita aos dispositivos e ao currículo. [3]

A aprendizagem móvel combina a aprendizagem eletrónica e a computação móvel. A aprendizagem móvel é, por vezes, considerada uma mera extensão da aprendizagem eletrónica, mas uma aprendizagem móvel de qualidade só pode ser realizada se se tiver consciência das limitações e vantagens específicas dos dispositivos móveis. A aprendizagem móvel tem as vantagens da mobilidade e da sua plataforma de apoio. A aprendizagem móvel é um meio de melhorar a experiência de aprendizagem na fronteira e é um método poderoso para envolver os alunos nos seus próprios termos.[3] O diagrama seguinte descreve a relação entre m-learning, e-learning e aprendizagem flexível.

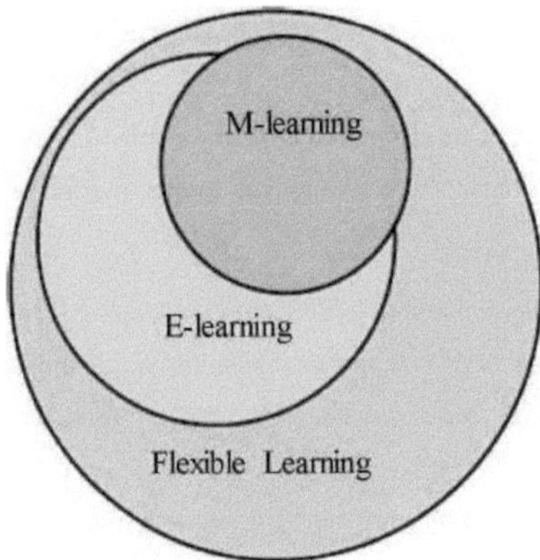

Figura 1- Relação entre m-learning, e-learning e aprendizagem flexível

De acordo com o diagrama acima, a aprendizagem móvel e a aprendizagem eletrónica são ambos subconjuntos da aprendizagem flexível. Embora exista uma área de intersecção entre o e-learning e o m-learning, este último não é totalmente um subconjunto do primeiro, uma vez que existe uma área de m-learning situada para além dos limites do e-learning. Isto significa que o e-learning nem sempre inclui o m-learning. [8]

2.5 Semelhanças e diferenças entre E-learning e M- Learning

É necessário identificar as semelhanças e diferenças entre o m-learning e o e-learning porque, como já foi referido, existe uma relação entre o m-learning e o e-learning. Depois de identificar essas semelhanças e diferenças, só é possível conceber uma aplicação de aprendizagem móvel eficiente. Assim, de acordo com os trabalhos de investigação anteriores, as semelhanças e diferenças entre o e-learning e o m-learning podem ser mencionadas da seguinte forma [3]

<u>Semelhanças</u>

- Cada uma delas necessita de uma infraestrutura e de uma ampla base comunitária para lidar com as tecnologias informáticas electrónicas com e sem fios.
- Cada um deles necessita de um sistema tecnológico de alta qualidade.
- A aprendizagem eletrónica e a aprendizagem móvel proporcionam aos estudantes uma literacia digital centrada no processamento da informação.
- Os alunos são o centro da aprendizagem em ambos os modelos (auto-aprendizagem)

- Em ambos os modelos de aprendizagem, os alunos podem aceder e navegar na Internet.
- Os modelos de e-learning e m-learning permitem, por um lado, a comunicação entre estudantes individuais e entre estudantes e professores, em qualquer lugar e a qualquer momento, e, por outro, a comunicação com o público local e internacional através da utilização de correio eletrónico e mensagens de texto.
- Em ambos os modelos de aprendizagem, o conteúdo de aprendizagem é fornecido sob a forma de textos, imagens e clips de vídeo.
- Os modelos de e-learning e m-learning são capazes de proporcionar oportunidades de aprendizagem a muitos estudantes.
- O material didático pode ser atualizado continuamente em ambos os modelos de aprendizagem.

Diferenças

- O e-learning utiliza dispositivos fixos, com fios, como os PCs, mas o m-learning utiliza dispositivos de comunicação sem fios, como telemóveis, microcomputadores e PDAs.
- Na aprendizagem eletrónica, o acesso à Internet é conseguido através do serviço telefónico disponível, enquanto os utilizadores da aprendizagem móvel acedem à Internet em qualquer lugar e a qualquer momento.
- Na aprendizagem eletrónica, as mensagens são trocadas através da Internet, enquanto as mensagens MMS e SMS são utilizadas para trocar informações entre utilizadores.
- As aplicações de armazenamento utilizadas na aprendizagem eletrónica são mais eficazes do que as utilizadas na aprendizagem móvel.
- Os canais de comunicação utilizados na aprendizagem eletrónica têm um baixo nível de proteção, uma vez que os aprendentes utilizam mais do que um dispositivo, ao passo que a aprendizagem móvel oferece mais proteção aos utilizadores, uma vez que estes utilizam os seus próprios dispositivos para se ligarem a outros.
- Na aprendizagem eletrónica, é difícil passar os dispositivos entre os alunos, ao passo que na aprendizagem móvel estes dispositivos são fáceis de passar entre os alunos.

Para além das diferenças acima mencionadas, em 2007, Traxler tenta distinguir ainda mais o e-learning do m-learning, analisando as descrições de ambos os campos encontradas na literatura. O quadro seguinte descreve a comparação entre o e-learning e o m-learning de acordo com a **Traxler** em 2007 [12]

Aprendizagem eletrónica	**M-Aprendizagem**
Estruturado	Pessoal
Media Rich	Espontâneo
Banda larga	Perturbador
Interativo	Oportunista

Inteligente	Informal
Utilizável	Pervasivo
	Situado
	Privado
	Consciente do contexto
	Tamanho da mordida
	Portátil

Tabela 2- Comparação entre E-learning e M-Learning de acordo com Traxler em 2007[12]

O quadro seguinte descreve as diferenças entre os ambientes de e-learning e m-learning no que respeita aos métodos de evolução, à comunicação entre os intervenientes e à terminologia [3]

Aprendizagem eletrónica	**M-Aprendizagem**
Computador	Telemóvel
Largura de banda	GPRS, 3G, Bluetooth
Multimédia	Objetivo
Interativo	Espontâneo
Hiperligação	Ligado
Colaboração	Em rede
Ensino à distância	Aprendizagem Situada

Tabela 3 - As diferenças entre os ambientes E-Learning e M-Learning no que respeita aos métodos de comunicação da evolução. [3]

Em 2009, Traxler salienta que as diferenças estabelecidas por ele em 2007 são limitadas porque se baseiam unicamente na experiência do aprendente com os dois modos de aprendizagem e não abordam o tempo e o espaço em que a aprendizagem tem lugar. Também referiu que o e-learning encontra sempre o tempo e o espaço, mas o m- learning não encontra o tempo e o espaço porque o m-learning pode ser utilizado em qualquer lugar e em qualquer altura. [13]

No entanto, a aprendizagem eletrónica e a aprendizagem móvel desempenham um papel importante no domínio da educação moderna. A aprendizagem eletrónica e a aprendizagem móvel incentivam tanto os professores como os alunos a assumirem a responsabilidade pessoal pela sua própria aprendizagem. [3]

2.6 Potenciais benefícios da aprendizagem móvel

A aprendizagem móvel é um novo modo de aprendizagem que melhora a forma como o conteúdo é oferecido aos estudantes através da utilização de tecnologias móveis. A aprendizagem móvel oferece vantagens e benefícios importantes para o processo de aprendizagem. Ajuda a melhorar as competências de literacia e numeracia dos alunos, uma vez que incentiva experiências de aprendizagem independentes e colaborativas. A aprendizagem móvel também pode ser utilizada para determinar as áreas em que os alunos precisam de ajuda e apoio. [10]

Além disso, a aprendizagem móvel ajuda a quebrar a resistência à utilização das TIC e pode ajudar a colmatar o fosso entre a literacia em telemóveis e a literacia em TIC. As tecnologias móveis no ensino e na aprendizagem oferecem caraterísticas de mobilidade que permitem aos indivíduos partilhar ideias e aceder a informações a partir de qualquer lugar, utilizando qualquer dispositivo de aprendizagem portátil. A utilização das tecnologias móveis na educação contribui para a colaboração e a prática da comunicação. [10]

Braker et.al salienta o valor da aprendizagem através das tecnologias móveis, nomeadamente o seu impacto na motivação, comunicação, interação social, colaboração e mobilidade. [14] Os telemóveis são tecnologias pessoais e partilhadas que oferecem um grande potencial para a aprendizagem individual e colaborativa. [15] As tecnologias móveis podem também reduzir a distância física entre alunos e professores, melhorando assim a comunicação e a aprendizagem. [16]

Além disso, as tecnologias móveis melhoram as actividades educativas, como a tomada de notas, as simulações de colaboração e o acesso a livros electrónicos. [10] As tecnologias móveis têm a capacidade de apoiar uma comunicação presencial eficaz num ambiente de aprendizagem formal e, além disso, de oferecer aplicações de gestão para melhorar as capacidades de organização de um indivíduo na aprendizagem. [17] Além disso, de acordo com Ayman, em 2012, as vantagens da aprendizagem móvel podem ser enumeradas da seguinte forma [6]

- É muito mais fácil acomodar vários dispositivos móveis na sala de aula do que vários computadores de secretária.
- Os PDAs, tablets com notas e livros electrónicos são mais leves e menos volumosos do que os sacos cheios de dossiers, papéis e livros de texto ou mesmo computadores portáteis.
- Escrever à mão com a caneta stylus é mais intuitivo do que utilizar o teclado e o rato.
- É possível partilhar tarefas e trabalhar em colaboração; os alunos e os profissionais podem enviar mensagens de correio eletrónico, cortar, copiar e colar texto, passar o dispositivo pelo grupo ou transmitir o trabalho a cada um utilizando a função de infravermelhos de um PDA ou uma rede sem fios como o Bluetooth.
- Os dispositivos móveis podem ser utilizados em qualquer lugar e a qualquer momento, incluindo em casa, no comboio, no autocarro, em hotéis - o que é inestimável para a comunicação no trabalho.
- Estes dispositivos envolvem os alunos - jovens que podem ter perdido o interesse pela educação - como telemóveis, gadgets e dispositivos de jogos como a Nintendo DS ou a PlayStation Portable.
- Esta tecnologia pode contribuir para combater a fratura digital, uma vez que este equipamento (por exemplo, PDA) é geralmente mais barato do que os computadores de secretária.

O M-learning oferece uma oportunidade para a nova geração de pessoas com uma melhor comunicação e actividades sem ter em conta o local e o tempo.

2.7 Limitações e desafios do M-Learning

A aprendizagem móvel tem várias limitações. As tecnologias móveis depararam-se com problemas de usabilidade.[17] Estes problemas podem ser classificados em quatro grupos, incluindo atributos físicos, limitações das aplicações de software, ligação à rede e questões físicas ambientais, tais como o tamanho reduzido do ecrã, a falta de memória suficiente, a curta duração da bateria, a dificuldade em adicionar aplicações, a falta de funções integradas, a utilização diferente entre aplicações e circunstâncias, a falta de competência do utilizador, a velocidade e a fiabilidade da rede e os problemas relacionados com a utilização de dispositivos móveis ao ar livre, tais como quando chove, o brilho do ecrã, a privacidade e a segurança pessoal, a possível radiação de dispositivos que utilizam radiofrequências.

Para além destes, Rosman, em 2008, definiu as capacidades de entrada, a capacidade de processamento limitada e o tamanho reduzido do ecrã como exemplos dos desafios tradicionais dos dispositivos de aprendizagem móvel. [18] Vários autores consideram que o tamanho do ecrã, a duração da bateria, o facto de a potência de um navegador Web incorporado não ser adequada ou de o software não se integrar bem são as principais limitações da aprendizagem móvel. [10]

As tecnologias móveis também têm algumas limitações na sala de aula, como as oportunidades que oferecem para fazer batota e para interromper as aulas.[18] . A aprendizagem móvel tem, por conseguinte, tanto considerações pedagógicas como limitações tecnológicas. [17]

Os principais desafios do m-learning são: será que vai perturbar o processo de aprendizagem?[17] Além disso, será que os utilizadores (estudantes e professores) adoptarão esta tecnologia? Os utilizadores podem não estar dispostos a aceitar o m-learning. Além disso, alguns professores universitários não querem aplicar esta tecnologia ou podem ter dificuldades em tentar utilizá-la eficazmente, uma vez que esta nova tecnologia pode exigir um grande esforço de implementação.[8]

2.8 Trabalhos relacionados: A perceção dos alunos sobre o M-Learning

Embora o m-learning seja novo no sistema educativo do Sri Lanka, se os estudantes e os professores aceitarem esta tecnologia, ela pode ser utilizada com êxito no ambiente empresarial. Por exemplo, o m-learning funciona basicamente com os dispositivos móveis. Os engenheiros de software podem desenvolver aplicações móveis separadas para estudantes e professores. Para utilizar o m-learning no ambiente empresarial, é necessário identificar as perspectivas dos estudantes e dos professores. Este é o passo inicial para a implementação da aprendizagem móvel no ensino superior.

Por conseguinte, é necessário realizar uma investigação que identifique os factores que os estudantes universitários consideram importantes para a aceitação do m-learning. Foram realizadas várias investigações para identificar a perceção dos estudantes sobre o m-learning utilizando o modelo TAM ou os modelos UTAUT e estes investigadores ajudam a identificar os factores que afectam o m-learning. A secção seguinte descreve os estudos realizados para identificar a perceção dos estudantes sobre o m-learning e os factores que afectam o m-learning.

Em 2007, Haung et.al realizaram um estudo sobre o comportamento dos utilizadores da aprendizagem móvel. Neste estudo, o investigador verificou que o TAM pode ser utilizado para explicar e prever a aceitação do m-learning. Este estudo identifica dois factores que têm em conta as diferenças individuais e que podem ser designados por prazer percebido (PE) e valor de mobilidade percebido (PMV) para aumentar o poder explicativo do modelo. Os resultados da análise dos dados mostram que estes se ajustam bem ao modelo TAM alargado. Os consumidores têm atitudes positivas em relação à aprendizagem móvel, considerando-a uma ferramenta eficiente. Especificamente, o resultado mostra que as diferenças individuais têm um grande impacto na aceitação do utilizador e que a perceção de prazer e a perceção de mobilidade podem prever as intenções do utilizador de utilizar a aprendizagem móvel. [20]

Omar et.al examinaram os principais factores que afectam a intenção de adoção da aprendizagem móvel com base na Teoria Unificada da Aceitação e Utilização da Tecnologia (UTAUT), dada a importância e o poder desta teoria no domínio dos SI na Arábia Saudita. Esta investigação seguiu uma abordagem quantitativa, na qual foi desenvolvido e utilizado um inquérito por questionário como principal instrumento de recolha de dados. O questionário foi aplicado a uma amostra aleatória de 300 licenciados e pós-graduados, tendo sido recebidos 215 questionários válidos. O resultado desta investigação mostra que a Expectativa de Desempenho é o principal fator que afecta a intenção de adoção do aluno para utilizar o m-learning no futuro. Seguem-se a Expectativa de Esforço e as Influências Sociais, respetivamente. No entanto, os resultados mostram que as Condições Facilitadoras não têm um efeito significativo na intenção de utilizar o M-Learning. Além disso, os resultados deste estudo são considerados frutuosos para os decisores no ensino superior, uma vez que revelam aspectos importantes que os decisores devem ponderar cuidadosamente aquando da implementação de soluções de aprendizagem móvel. [10]

Em 2011, Wei-Han Tan desenvolveu um modelo concetual para examinar os factores que afectam a intenção de adoção da aprendizagem móvel na Malásia. Os seus resultados indicam que a utilidade percebida, a facilidade de utilização percebida e a norma subjectiva estão positivamente associadas à intenção de adotar o m-learning. Além disso, o fator género não mostrou um efeito significativo na intenção de utilização da aprendizagem móvel no seu estudo. [10]

Também alargando o TAM através da inclusão da auto-eficácia da aprendizagem móvel, da relevância para a área de formação dos estudantes, da acessibilidade do sistema e da norma subjectiva, Park et al. (2012) desenvolveram um modelo concetual e recolheram dados de 288 estudantes de uma universidade coreana para explorar os factores que afectam a intenção de adoção da aprendizagem móvel. Os seus resultados indicam que a atitude dos estudantes de aprendizagem móvel foi a construção mais importante para explicar o processo casual no modelo, seguida da relevância para a área de formação dos estudantes e da norma subjectiva, respetivamente. [17]

Kallaya et.al efectuaram uma investigação sobre a aceitação do M-learning no ensino superior na Tailândia. Estudaram os principais factores que influenciam a utilização da aprendizagem móvel, centrando-se nos estudantes do ensino superior na Tailândia. Neste caso, as amostras são selecionadas com base na probabilidade, utilizando a amostragem aleatória estratificada em diferentes áreas, divididas em dois grupos:

universidades privadas e universidades públicas da Tailândia. Para a recolha de dados, foi utilizado um questionário. O modelo UTAUT foi utilizado para determinar os factores que influenciam

a intenção dos estudantes de utilizar o m-learning. Os resultados revelaram que metade dos estudantes deste estudo não estava familiarizada com o m-learning, mas têm uma boa perceção do m-learning e os resultados revelaram que a Expectativa de Desempenho (PE) ou Perceção de Utilidade e Expectativa de Esforço (EE) ou Perceção de Facilidade de Utilização têm um elevado nível de aceitação. Além disso, os resultados mostraram que uma atitude positiva leva à utilização da aprendizagem eletrónica na Tailândia. A boa perceção e o apoio da política universitária são os principais factores que conduzem ao sucesso da aprendizagem móvel. [5]

Ayman realizou uma investigação para examinar a possibilidade de aceitação da aprendizagem móvel e estudar os principais factores que afectam a utilização da aprendizagem móvel, centrada nos estudantes do ensino superior na Arábia Saudita, em 2012. Neste estudo, o investigador utilizou um inquérito de abordagem quantitativa a 80 estudantes e utilizou o modelo UTAUT para determinar os factores que influenciam a intenção dos estudantes de utilizar a aprendizagem móvel. Os resultados do inquérito mostraram que uma atitude positiva conduz à intenção comportamental de utilizar a aprendizagem móvel. [6]

Em 2011, Robin realizou uma investigação para testar os determinantes da intenção comportamental de utilizar a aprendizagem móvel por parte de estudantes universitários comunitários e para descobrir se existem diferenças de idade ou de género na aceitação da aprendizagem móvel utilizando o modelo UTAUT. Os resultados desta investigação indicam que, em conjunto, os preditores UTAUT (Expectativa de Desempenho, Expectativa de Esforço, Influência Social e Condições Facilitadoras) e os preditores adicionais voluntariedade de utilização, autogestão da aprendizagem e perceção de ludicidade representam 75% da variação na intenção comportamental de utilizar a aprendizagem móvel. [21]

Para identificar os factores que influenciam a intenção de utilizar o m-learning num ambiente universitário, Mari et.al realizaram uma investigação em 2012 e recolheram dados de 402 estudantes de uma universidade brasileira utilizando o modelo TAM. O estudo confirma a importância de vários constructos na compreensão da atitude e intenção de adoção do m-learning pelo ensino superior. Também mostra que os efeitos indirectos da facilidade de uso, utilidade a longo prazo e utilidade a curto prazo, mediados pela atitude em relação ao m-learning, contribuem para uma boa explicação da intenção comportamental de utilizar essa tecnologia no ensino superior, corroborando resultados anteriores. Através da sua investigação, foi possível chegar a uma conclusão interessante e inesperada de que a direção do efeito da utilidade percebida a curto prazo sobre a utilidade percebida a longo prazo era contrária à da investigação anterior. Este facto deve-se à dificuldade dos estudantes em perceber a utilidade a longo prazo da utilização de algo que não conhecem no ambiente de aprendizagem. Tal como referido, para que os estudantes avaliem positivamente a aprendizagem móvel a longo prazo, precisam de percecionar a sua utilidade a curto prazo.[11]

Steve et al. propuseram um modelo baseado no UTAUT para identificar os factores que influenciam a aceitação da aprendizagem móvel no ensino superior. Para a sua investigação, foi utilizado um modelo de equação estrutural para analisar os dados recolhidos de 174 participantes. Os seus resultados indicam que a expetativa de desempenho, a expetativa de esforço, a influência dos professores, a qualidade do serviço e a inovação pessoal são factores significativos que afectam a intenção comportamental de utilizar a aprendizagem móvel. Também se verificou que a experiência prévia com dispositivos móveis moderava o efeito destes constructos na intenção comportamental .[8]

Utilizando 18 amostras de investigações anteriores, Pamela et al. efectuaram uma análise. Através da sua análise de investigações actuais, descobriram que os estudantes utilizam diariamente dispositivos móveis (PDAs, telemóveis, leitores de mp3, tablets) para entretenimento e acesso à informação, pelo que a oportunidade de os utilizar também para fins educativos parece ser um próximo passo interessante na utilização destes dispositivos pelos estudantes. A perceção dos alunos é uma peça fundamental do estudo da aprendizagem móvel, porque uma experiência positiva encorajará a participação e a aceitação da aprendizagem móvel por esses alunos.[19]

Dr. Ravi et al. realizaram uma investigação para identificar a utilidade dos dispositivos móveis na educação. Este inquérito foi realizado entre estudantes universitários. Neste estudo, a utilidade é descrita por vários parâmetros, como a disponibilidade, a relação custo-eficácia, a facilidade de utilização, a facilidade de manuseamento e a velocidade de recuperação. Os resultados indicam claramente que a tecnologia está em evolução e que as capacidades de aprendizagem móvel continuarão a expandir-se com a introdução de aparelhos mais pequenos, mais sofisticados e mais potentes, capazes de fornecer dados em vários formatos, em qualquer lugar e a qualquer momento. [22]

Foi realizado um estudo em pequena escala com estudantes matriculados na Nova Zelândia num curso superior com o objetivo de determinar as perspectivas dos estudantes relativamente às TIC e, especificamente, à integração da aprendizagem móvel por Kathryn. Os resultados deste inquérito indicam que não existe uma relação forte entre as competências e a atitude em matéria de TIC, a motivação e a dependência dos estudantes em relação à perceção e adoção da aprendizagem móvel, mas a idade pode desempenhar um papel significativo na eventual adoção da aprendizagem móvel. [23]

Ali Yaslam et al. desenvolveram um modelo integrado para investigar os factores de previsão da intenção comportamental de utilização da aprendizagem móvel por parte dos estudantes universitários. O modelo de investigação baseia-se no modelo UTAUT e este estudo utilizará a abordagem quantitativa, questionando os estudantes da Universidade Tecnológica da Malásia. Os resultados deste inquérito revelaram que; [24]

- A Expectativa de Desempenho M-Iearning sugere que os indivíduos considerarão o m-leaning útil devido à oportunidade que o telemóvel apresenta de aceder rapidamente à informação a partir de qualquer lugar e em qualquer altura.
- No contexto do m-learning, a Expectativa de Esforço afectará fortemente a Intenção Comportamental e existe uma relação positiva entre estes dois factores.
- Todos os factores sociais afectarão fortemente a intenção do estudante de utilizar a aprendizagem móvel no ambiente pedagógico.
- Os investigadores indicam que as Condições Facilitadoras como preditoras da Intenção Comportamental são mínimas quando estão presentes as variáveis Expectativa de Desempenho e Expectativa de Esforço.

- Neste contexto de aprendizagem móvel, os estudantes devem ser os gestores da sua própria aprendizagem, uma vez que estão afastados do corpo docente, dos colegas e da gestão institucional. A auto-gestão da aprendizagem tem desempenhado um papel fundamental na previsão da aprendizagem móvel.

- No mesmo estudo, verificou-se também, inesperadamente, que a autogestão da aprendizagem é um fator determinante mais forte para as mulheres do que para os homens.

- Este estudo partiu do princípio de que a motivação intrínseca, sob a forma de Ludicidade Apercebida, teria um impacto significativo na intenção de utilizar a aprendizagem móvel por parte dos estudantes do ensino superior.

De acordo com o acima mencionado, é evidente que o sucesso do m-learning depende da perspetiva tanto dos estudantes como dos professores. Kathryn et.al, em 2014, realizou uma investigação para determinar os factores que implicam a adoção do m-learning pelos professores utilizando o modelo TAM. De acordo com a sua investigação, descobriram que; [25]

- A ansiedade em relação às TIC, a auto-eficácia pedagógica e a perceção do caso de utilização e da utilidade foram factores críticos para as intenções comportamentais dos professores relativamente à implementação do m-learning.

- Esta investigação confirmou o papel da perceção da facilidade de utilização e da utilidade na aceitação da aprendizagem móvel e confirmou que o TAM constitui uma ferramenta valiosa para a adoção da aprendizagem móvel por parte dos professores.

- O estudo salientou que a literacia digital tem um papel distinto na aceitação. Especificamente, a literacia básica em TIC e a literacia móvel avançada desempenham um papel distinto mas vital na aceitação.

- Este estudo indica claramente que os docentes também necessitam de competências específicas para utilizar a tecnologia de aprendizagem móvel na sala de aula. A utilização geral da tecnologia não se traduz necessariamente na sua utilização efectiva na sala de aula.

- Esta investigação indica que as capacidades e as atitudes desempenham um papel importante na aceitação da aprendizagem eletrónica.

- Esta investigação indica claramente o papel do apoio necessário para que os professores possam implementar com êxito a aprendizagem móvel na sala de aula.

2.9 Resumo

De acordo com o estudo de fundo, afirma-se claramente que os factores Expectativa de Desempenho, Expectativa de Esforço e Influência Social afectam diretamente a aceitação da tecnologia de aprendizagem móvel. Quando os estudantes estão a utilizar esta tecnologia, têm em conta o desempenho dos dispositivos que possuem. Se os seus dispositivos forem de baixa qualidade, tendem a mudar para novos dispositivos, mas para isso devem ser economicamente estáveis. Caso contrário, terão de trabalhar com aparelhos antigos. Por este motivo, o investigador afirma claramente que a força económica também tem uma forte relação com a aprendizagem móvel.

As diferenças individuais dos utilizadores de telemóveis têm impacto na utilização da tecnologia m-learning, porque, de acordo com a investigação de Haung et.al em 2007, foi claramente identificado que a utilização dos dispositivos móveis é diferente de estudante para estudante, com os seus objectivos de utilização de telemóveis, e a mobilidade percebida pode prever as intenções do utilizador de utilizar o m-learning. [20]

A acessibilidade ou facilidade de utilização é outro fator importante que afecta a aprendizagem móvel. Se o estudante não conseguir aceder facilmente ao seu próprio dispositivo, não gostaria de o utilizar para fins educativos. Em 2011, Wei - Han Tan descreve que a utilidade percebida, a facilidade de utilização percebida e a norma subjectiva estão positivamente associadas à intenção de adotar a aprendizagem móvel, pelo que se afirma claramente que a acessibilidade ou facilidade de utilização é outro fator importante que afecta a aprendizagem móvel.[10] A familiaridade com os dispositivos móveis é também outro fator que afecta a aprendizagem móvel. Se os alunos não estiverem familiarizados com os dispositivos móveis, não saberão como utilizar as tecnologias de aprendizagem móvel e poderão rejeitar esta tecnologia. Embora não estejam familiarizados com os dispositivos, se tiverem uma boa perceção desta tecnologia, familiarizar-se-ão com os dispositivos móveis e utilizarão a tecnologia de aprendizagem móvel.

A influência dos professores, a qualidade do serviço e a inovação pessoal foram os outros factores significativos que afectaram a intenção comportamental de utilizar o m-learning. Se os professores não tiverem uma boa perceção da tecnologia de aprendizagem móvel, não permitirão que os estudantes utilizem dispositivos móveis na sala de aula. Não existe uma relação forte entre as diferenças de idade ou género na aceitação da aprendizagem móvel. Estes factores são independentes da aprendizagem móvel.

De acordo com Kathryn, não existe uma relação forte entre as competências em TIC e a aprendizagem móvel[23]. Este é um fator muito importante, porque no Sri Lanka a aprendizagem eletrónica não foi bem sucedida devido à falta de competências em TIC. Talvez os educadores pensem que o m-learning também vai falhar devido a fracas competências em TIC, mas o resultado da investigação acima referida afirma claramente que não existe uma relação forte entre as competências em TIC e o M-learning.

A perceção e a atitude dos alunos é um fator muito importante neste contexto. Se eles tiverem uma boa perceção, então o m-learning será utilizado com sucesso, caso contrário, será um fracasso. De acordo com a literatura, é claramente afirmado que os alunos têm uma boa perceção sobre o m-learning. Ter uma boa perceção sobre o m-learning é muito importante antes de introduzir o m-learning no domínio da educação.

No caso do sistema educativo do Sri Lanka, esses factores podem ou não ter um efeito direto. É da responsabilidade dos investigadores identificar os factores que afectam o reforço da tecnologia de aprendizagem móvel no sistema de ensino superior do Sri Lanka e a perceção dos estudantes e dos docentes sobre a tecnologia de aprendizagem móvel através da investigação. Em seguida, o investigador poderá introduzir um modelo de aceitação da aprendizagem móvel por parte de estudantes e professores no sector do ensino superior do Sri Lanka. Este modelo pode ser utilizado no ambiente empresarial quando se pretende desenvolver aplicações móveis para o ensino. Se as empresas criarem aplicações educativas móveis sem ter em conta os factores que afectam a aprendizagem móvel, essas aplicações falharão porque não tiveram em conta a perceção dos seus clientes antes de implementarem uma aplicação.

O m-learning é uma tecnologia muito poderosa para o sistema educativo e abre novas portas para a indústria do software no Sri Lanka. Para a utilizar com êxito, os investigadores devem dar o passo inicial, que pode ser mencionado como a identificação dos factores que afectam a melhoria da tecnologia de aprendizagem móvel e a perceção dos professores e dos estudantes sobre a tecnologia de aprendizagem móvel.

Depois de identificar estes factores, a aprendizagem móvel pode ser introduzida no sistema educativo do Sri Lanka. Através desta investigação, o investigador vai identificar e elaborar um modelo que descreve os factores que afectam a aprendizagem móvel no Sri Lanka.

2.10 UTAUT - Modelo

O modelo da Teoria Unificada de Aceitação e Utilização da Tecnologia (UTAUT) é um dos mais utilizados no domínio da modelação da aceitação das TIC, tendo sido desenvolvido por Venkatesh et.al em 2003. Este modelo pode explicar 70% do comportamento de aceitação da tecnologia . [26]

O UTAUT foi efetivamente concebido com base em 8 modelos e teorias de aceitação individual, que podem ser mencionados como a Teoria da Ação Racional (TRA), o Modelo de Aceitação da Tecnologia (TAM), o Modelo de Motivação (MM), a Teoria do Comportamento Planeado (TPB), que combinou o TAM e a TPB (C-TAM-TPB), o Modelo de Utilização do PC (MPCU), a Teoria da Difusão da Inovação (IDT) e a Teoria Social Cognitiva (SCT).

Este modelo é constituído por 4 componentes-chave, tais como a expetativa de desempenho, a expetativa de esforço, os factores sociais e as condições facilitadoras. O modelo UTAUT é apresentado no diagrama seguinte.

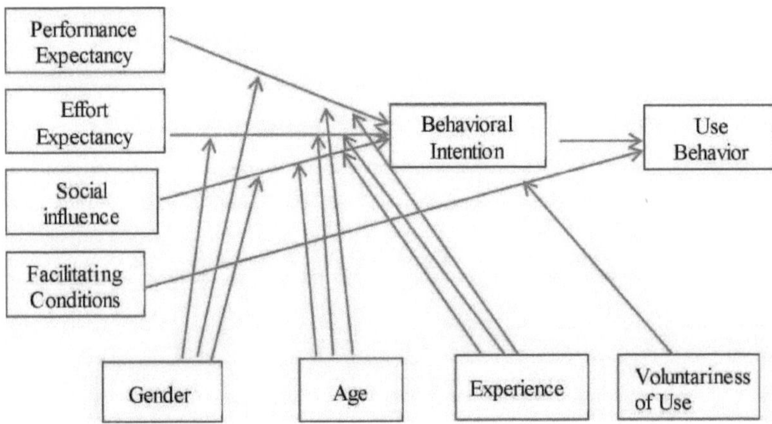

Figura 2 - Modelo UTAUT

Expectativa de desempenho

Em 2003, Venkatash et.al definiram a expetativa de desempenho como o grau em que um indivíduo acredita que a utilização do sistema o ajudará a obter ganhos no desempenho profissional. Os cinco construtos dos diferentes modelos relativos à expetativa de desempenho são a utilidade percebida (TAM/TAM2 e C-TAM-

TPB), a vantagem relativa (IDT) e as expectativas de resultados (SCT). Além disso, indicam também que a expetativa de desempenho em cada modelo anterior é o mais forte preditor da intenção comportamental de utilizar as TI. [26]

Expectativa de esforço

De acordo com Venkatash et.al, em 2003, a Expectativa de Esforço foi definida como o grau de facilidade associado à utilização do sistema. Três constructos dos modelos existentes captam o conceito de expetativa de esforço, a facilidade de utilização percebida (TAM/TAM2), a complexidade (MPCU) e a facilidade de utilização (IDT). [26]

Influência social

Venkatash et.al., em 2003, definiram a influência social como o grau em que um indivíduo percebe que outros importantes acreditam que ele ou ela deve usar o novo sistema. A influência social como determinante direto da intenção comportamental é representada como norma subjectiva na TRA, TAM2, TPB/DTPB e C-TAM-TPB, factores sociais na MPCU e imagem na IDT.

Existem três constructos relacionados com a influência social: Norma subjectiva (TRA, TAM2, TPB/DTPB e C-TAM-TPB), factores sociais (MPCU) e imagem (IDT). O papel da influência social na decisão de aceitação da tecnologia é complexo e está sujeito a um vasto leque de influências contingentes. A influência social tem um impacto no comportamento individual através de 3 mecanismos, como a conformidade, a internalização e a identificação. [26]

Condições facilitadoras

Venkatash et.al, em 2003, definiram Condições Facilitadoras como o grau em que um indivíduo acredita que existe uma infraestrutura organizacional e técnica para apoiar a utilização do sistema. Esta definição capta conceitos incorporados por 3 construtos diferentes, como o controlo comportamental percebido (TPB/DTPB, C- TAM-TPB), as condições facilitadoras (MPCU) e a compatibilidade (IDT). Cada um destes construtos é operacionalizado de modo a incluir aspectos do ambiente tecnológico e/ou organizacional concebidos para eliminar as barreiras à utilização. [26]

2.11 TAM - Modelo

O modelo de aceitação da tecnologia foi desenvolvido por Davis em 1989 e é um dos modelos de investigação mais populares para prever a utilização e a aceitação dos sistemas de informação e da tecnologia pelos utilizadores individuais. O TAM tem sido amplamente estudado e verificado por diferentes estudos que examinam o comportamento individual de aceitação da tecnologia em diferentes constructos de sistemas de informação.

No modelo TAM, há dois factores relevantes nos comportamentos de utilização do computador: a utilidade percebida e a facilidade de utilização percebida. De acordo com Davis, em 1989, a utilidade percebida é definida como a probabilidade subjectiva do potencial utilizador de que a utilização de um sistema de aplicação específico melhore o seu desempenho no trabalho ou na vida. A perceção da facilidade de utilização (EOU) pode ser definida como o grau em que o potencial utilizador espera que o sistema alvo seja isento de esforço.

De acordo com o TAM, a facilidade de utilização e a perceção de utilidade são os factores determinantes mais importantes da utilização efectiva do sistema. Estes dois factores são influenciados por variáveis externas. Os principais factores externos que normalmente se manifestam são os factores sociais, os factores culturais e os factores políticos. Os factores sociais incluem a língua, as competências e as condições facilitadoras. Os factores políticos são principalmente o impacto da utilização da tecnologia na política e na crise política. A atitude em relação à utilização diz respeito à avaliação do utilizador sobre a conveniência de utilizar uma determinada aplicação do sistema de informação. A intenção comportamental é a medida da probabilidade de uma pessoa utilizar a aplicação. [27]

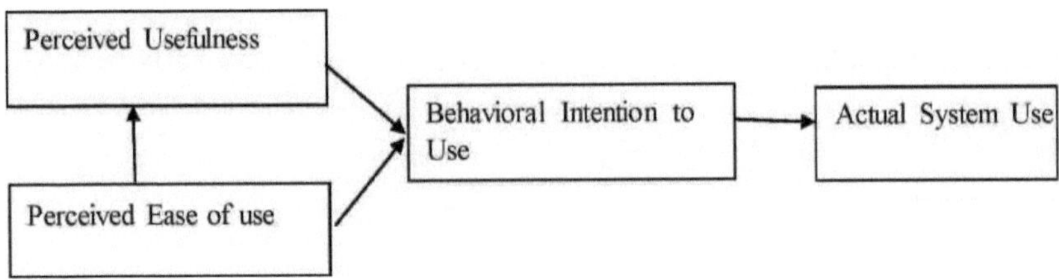

Figura 3- Modelo TAM

2.12 Razões para selecionar o modelo UTAUT em vez do TAM

O modelo UTAUT seria capaz de explicar 70% da variação da intenção. Em comparação com os modelos anteriores de aceitação da tecnologia, que só podem mostrar a aceitação em cerca de 30%. Ao contrário do TAM, o UTAUT aborda a voluntariedade da utilização e os factores facilitadores. Além disso, o UTAUT tem a vantagem de incluir a distinção entre factores mediadores e determinantes. De acordo com as razões que se seguem, o investigador utilizou o modelo UTAUT para toda a investigação. [24]

- O TAM não aborda as variáveis da organização e do sistema que desempenham um papel importante na intenção de um indivíduo de utilizar uma nova tecnologia. Estas variáveis são o custo financeiro, as caraterísticas do sistema, a formação, o apoio e o apoio da gestão, ao passo que estas variáveis foram assinaladas no UTAUT nos constructos Influência social, facilitação e voluntariedade.

- A condição de acolhimento é uma das variáveis importantes para esta investigação. É claramente abordada apenas no modelo UTAUT.

- O TAM e o TAM 2 podem ser aplicados no local de trabalho onde o sistema é obrigatório. O carácter voluntário da utilização não pode ser medido utilizando estes dois modelos. Por conseguinte, o modelo UTAUT foi selecionado pelo investigador.

2.13 Sistemas existentes e seus inconvenientes

Existem vários sistemas disponíveis no domínio da aprendizagem móvel. Seguem-se alguns sistemas existentes, as suas caraterísticas e os seus inconvenientes.

<u>Caraterísticas</u>

- Receber notificações push da atividade da disciplina
- Verificar notas
- Enviar para o debate
- Anexar ficheiros do Dropbox
- Ler o anúncio
- Ver conteúdo
- Fazer testes de compatibilidade com dispositivos móveis

Desvantagens

- Erros de carregamento.
- Problemas de disponibilidade da aplicação.
- Embora as redes estejam disponíveis, o utilizador recebe um erro de rede quando tenta utilizar a aplicação.
- O utilizador tem sempre de o desinstalar e reinstalar, caso contrário não conseguirá iniciar sessão.
- Menor facilidade de utilização.

Moodle móvel

O Moodle Mobile é a aplicação oficial do Moodle e tem as seguintes caraterísticas [25]

Caraterísticas

- Navegue pelo conteúdo dos seus cursos, mesmo quando estiver offline
- Receber notificações instantâneas de mensagens e outros eventos
- Encontre e contacte rapidamente outras pessoas nos seus cursos
- Carregue imagens, áudio, vídeos e outros ficheiros a partir do seu dispositivo móvel

Desvantagens

- Problemas de início de sessão
- Complexidade
- Quando o utilizador tenta adicionar, obtém erros.
- A aplicação não é estável
- Os utilizadores não receberam actualizações das aplicações.
- Ao utilizar a aplicação móvel, o utilizador não conseguirá navegar para o sítio Web da faculdade.

MDroid

A MDriod é também outra aplicação M-Learning que possui as seguintes caraterísticas[25]

Caraterísticas

- Mensagens
- Verificar notas
- Ver o conteúdo do curso
- Ver anúncio
- Encontrar rapidamente o contacto de outras pessoas no curso.

Desvantagens

- Complexidade
- Menos segurança
- Pouca disponibilidade
- Custo

Para além destas aplicações móveis de aprendizagem, existem várias ferramentas que foram criadas para as universidades, mas a maioria das aplicações móveis Moodle falham porque não correspondem às necessidades dos utilizadores. Por conseguinte, antes de implementar qualquer aplicação móvel Moodle, é necessário identificar os requisitos dos utilizadores.

Capítulo 3

Metodologia

3.1 Introdução

3.1.1 . Investigação pura

Esta investigação pode ser classificada como investigação pura. O objetivo principal da investigação pura é o avanço do conhecimento e a compreensão teórica das relações entre variáveis. A investigação pura proposta é realizada para compreender a perceção dos estudantes e dos professores sobre o m-learning quando o vão utilizar no sector do ensino superior no Sri Lanka. A investigação pura é uma forma de contribuir com novos conhecimentos para o conhecimento existente. Este tipo de investigação pura é frequentemente impulsionado pela curiosidade, interesse e instituição do investigador, desde a seleção do tópico de investigação até à conclusão da investigação.

3.1.2 Um estudo exploratório

Este tópico de investigação dá ênfase a uma área, a Aprendizagem Móvel (M-learning), que tem pouca informação conhecida.

Embora seja utilizada noutros países, esta terminologia é ainda nova no domínio da educação no Sri Lanka. O objetivo do investigador é analisar os conceitos, as teorias, os factores, os quadros teóricos e outras informações conexas para determinar se os professores e os estudantes estão preparados para adotar esta tecnologia. Por fim, o investigador apresenta um modelo teórico que descreve os factores que afectam os estudantes e os professores quando estes utilizam a tecnologia de aprendizagem móvel. Este tipo de estudo é conhecido como estudo exploratório. Por conseguinte, pode ser classificado no grupo exploratório. Os dados desta investigação devem ser recolhidos através de entrevistas, questionários e observações.

3.1.3 Investigação quantitativa e investigação qualitativa (abordagem mista)

A investigação quantitativa tenta quantificar a variação de um fenómeno, situação, problema ou questão. O objetivo da investigação quantitativa é desenvolver e utilizar modelos matemáticos, teorias ou hipóteses relativas a fenómenos. O processo de medição é fundamental para a investigação quantitativa porque fornece a ligação fundamental entre a observação empírica e a expressão matemática das relações quantitativas. Os dados quantitativos são todos os dados que se apresentam sob forma numérica. [28]

O objetivo desta investigação quantitativa é determinar a relação entre uma variável independente e outra variável dependente numa população.

A investigação qualitativa é essencialmente subjectiva na sua abordagem, uma vez que procura compreender o comportamento humano e as razões que regem esse comportamento. Neste tipo de método de investigação, os investigadores têm tendência a mergulhar subjetivamente no assunto em questão.

Esta investigação pode ser classificada como uma investigação de abordagem mista porque tem caraterísticas qualitativas e caraterísticas quantitativas. [29]

Para esta investigação, os dados são recolhidos através de técnicas estatísticas para provar ou refutar hipóteses, pelo que podem ser classificados como abordagem quantitativa. Após a recolha desses dados, o investigador vai identificar o comportamento dos estudantes e dos docentes em relação ao m-learning. Por conseguinte, este estudo pode ser classificado como uma abordagem qualitativa. Devido a estas razões, o investigador vai classificar esta investigação como uma investigação de abordagem mista.

3.2 Dados utilizados

Para avançar com a investigação, o primeiro passo é recolher os dados relacionados. Para cumprir o objetivo da investigação, é necessário recolher vários tipos de dados relacionados com o tópico "Aceitação da aprendizagem móvel por parte dos estudantes e dos docentes no sector do ensino superior no Sri Lanka", tais como os efeitos da aprendizagem móvel na educação, a forma como os estudantes utilizam os dispositivos móveis quando estudam na sala de aula, a perceção dos estudantes sobre a aprendizagem móvel, se os dispositivos móveis perturbam as actividades na sala de aula. Qual é a perceção dos professores sobre o m-learning? É necessário utilizar fontes de dados primários e fontes de dados secundários para recolher dados relevantes.

3.2.1 . Dados primários

Para identificar os três últimos subobjectivos; examinar a perspetiva dos professores quando os alunos utilizam dispositivos móveis na sala de aula, investigar o impacto da utilização formal de dispositivos móveis na aprendizagem, no empenho e na participação dos alunos na sala de aula, descobrir se os alunos e os professores estão preparados para utilizar os dispositivos móveis na sala de aula, podem ser utilizadas fontes de dados primárias. Isto significa que, utilizando métodos de entrevistas e questionários, o investigador pode recolher dados e, em seguida, utilizando uma ferramenta estatística, o investigador pode analisar esses dados e, finalmente, chegar a uma conclusão.

3.2.2 Dados secundários

Para identificar o primeiro objetivo, ou seja, investigar a situação atual da aprendizagem móvel no Sri Lanka, podem ser utilizadas fontes de dados secundárias. Isto significa que os investigadores podem utilizar a informação existente disponível para recolher dados para este fim. A análise de publicações, tais como trabalhos de investigação, revistas, artigos, etc., pode ser utilizada quando existem conhecimentos sólidos relevantes para o tópico.

3.2.3 População de investigação

No processo de investigação, a recolha de dados deve ser efectuada de forma sistemática. Neste caso, o investigador tem de identificar corretamente a população. Nesta investigação antecipada, as universidades do Sri Lanka (tanto privadas como governamentais) podem ser consideradas como a população, uma vez que esta investigação incide no sector do ensino superior no Sri Lanka.

3.2.4 Amostras de investigação

Como já foi referido, os estudantes e docentes das universidades do Sri Lanka (tanto privadas como públicas) constituem a população deste estudo. Uma vez que se trata de uma população muito grande, a recolha de dados junto de cada indivíduo é morosa e dispendiosa. Por conseguinte, é necessário selecionar vários grupos de amostras de toda a população para recolher dados. Nesta investigação, prevê-se que sejam utilizados os quatro grupos de amostra seguintes.

- Estudantes de universidades privadas do Sri Lanka.
- Professores de universidades privadas do Sri Lanka.
- Estudantes de universidades públicas do Sri Lanka.
- Professores de universidades públicas do Sri Lanka.

A técnica de amostragem utilizada foi a amostragem aleatória estratificada desproporcionada. Esta técnica foi utilizada porque a intenção dos investigadores era avaliar parâmetros diferenciais em subgrupos da população.

Assim, a população da investigação foi dividida nos grupos acima referidos; cada grupo não é constituído por um número igual de elementos, o que o torna desproporcional.

3.3 . Métodos e técnicas

Para cumprir os objectivos de investigação acima referidos, foi utilizado um questionário para a recolha de dados. Sem inserir aleatoriamente um conjunto de perguntas no questionário, o tipo de perguntas a inserir e os mecanismos de análise de dados a utilizar foram identificados no nível inicial. O processo de investigação foi efectuado utilizando as quatro etapas principais abaixo mencionadas.

- Reunir conhecimentos de base
- Conceção do modelo teórico.
- Preparação do questionário
- Recolha e análise de dados

3.4 Conceber um modelo teórico

De acordo com a pesquisa bibliográfica, o investigador concebeu um modelo teórico proposto com base no modelo da Teoria Unificada de Aceitação e Utilização de Tecnologia (UTAUT) para examinar os factores que afectam a intenção de adoção do m-learning.

3.4.1 Modelo de investigação proposto

De acordo com o modelo UTAUT, o investigador apresenta a seguinte proposta de modelo de investigação.

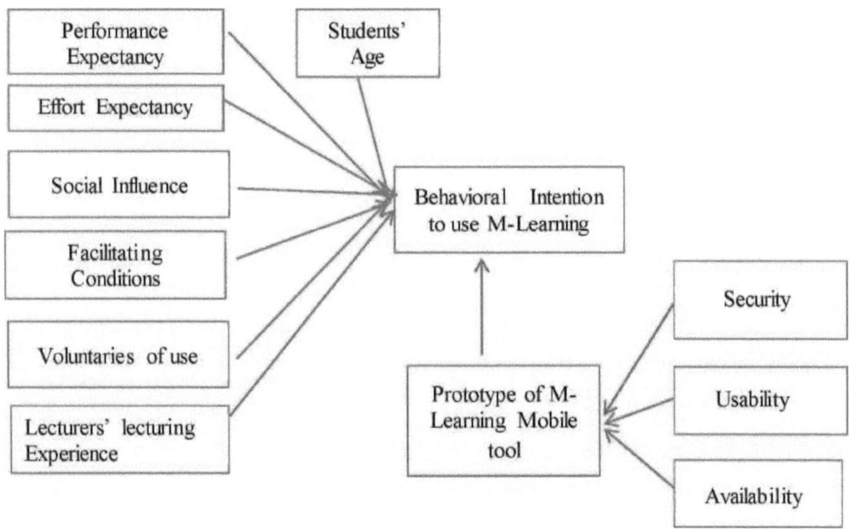

Figura 4 - Modelo de investigação proposto

3.4.3 Dimensões da investigação e hipóteses de investigação

Expectativa de desempenho

Aplicando a expetativa de desempenho ao modelo de investigação proposto acima, o investigador vai descobrir se os estudantes consideram o m-learning útil porque podem utilizá-lo em qualquer lugar e a qualquer momento, têm a capacidade de aceder rapidamente à informação e aprendem de acordo com a sua conveniência.

Através desta investigação, o investigador procurou estudar qual a expetativa de desempenho que influenciará o comportamento dos alunos em relação ao m-learning.

H1: A Expectativa de Desempenho terá um efeito positivo na Intenção Comportamental de utilizar o M-learning.

Expectativa de esforço

A facilidade de utilização de um sistema de informação concebido é um fator-chave importante para a aceitação da tecnologia da informação. Este fator depende da idade e da experiência e varia de indivíduo para indivíduo.

Através da expetativa de esforço, o investigador vai investigar se a aceitação do m-learning por parte dos estudantes depende ou não da facilidade de utilização do sistema. Por conseguinte, coloca-se a hipótese de.

H2: A Expectativa de Esforço terá um efeito positivo na Intenção Comportamental de utilizar o M-learning.

Influência social

A influência dos professores deriva da influência social. A sua influência é diferente de um professor para outro e depende da sua idade. Por conseguinte, a influência dos professores é um fator importante para incentivar os estudantes a utilizarem dispositivos móveis nos seus estudos. Por conseguinte, esta é a hipótese. [25]

H3: A influência social terá um efeito positivo na intenção comportamental de utilizar o M-learning.

Condição facilitadora

Os estudantes têm de comparar os benefícios do M-learning com os custos. Se sentirem que o m-learning lhes trará mais benefícios do que os custos, então gostariam de utilizar esta tecnologia. Os estudos revelaram que as condições facilitadoras são um dos principais factores de previsão da utilização efectiva da tecnologia. Por conseguinte, coloca-se a hipótese de que a Condição Facilitadora é um dos principais factores de previsão da utilização efectiva da tecnologia.

H5: A condição facilitadora terá um efeito positivo na intenção comportamental de utilizar o M-learning.

Voluntários de utilização

Os dispositivos móveis podem ser utilizados em qualquer lugar e em qualquer altura. Os estudantes podem utilizar voluntariamente a aprendizagem móvel porque estão sempre com o seu dispositivo móvel. Por conseguinte, é esta a hipótese deste fator.

H6: A voluntariedade de utilização terá um efeito positivo na intenção comportamental de utilizar o M-learning.

Experiência de ensino dos docentes

Atualmente, a maioria dos professores utiliza o método de ensino tradicional para ensinar. De acordo com a sua experiência, estão a utilizar diferentes métodos de ensino. Este fator também pode afetar a intenção comportamental do m-learning. Por conseguinte, esta é a hipótese.

H7: A experiência de lecionação dos docentes terá um efeito positivo na intenção comportamental de utilizar o M-Learning.

Idade dos alunos

De acordo com a idade dos estudantes, a utilização do m-learning pode ser diferente. Por conseguinte, a idade dos estudantes também afecta a intenção comportamental e esta é a hipótese.

H8: A idade dos estudantes terá um efeito positivo na intenção comportamental de utilizar o M-Learning.

Género

A utilização dos dispositivos móveis para fins educativos pode ser diferente consoante os grupos de género. Por conseguinte, esta é a hipótese.

H9: O género terá um efeito positivo na intenção comportamental de utilizar o M- Learning.

Capítulo 4

Resultados

4.1 Introdução

Este capítulo apresenta os resultados do primeiro estudo desta investigação. A fim de alcançar os objectivos propostos no projeto de investigação, o passo inicial foi a conceção de um modelo teórico que elaborasse claramente as variáveis e as relações a que o investigador espera aceder. Foi elaborado um questionário com base nas variáveis e relações identificadas. O questionário foi distribuído por um conjunto de universidades.

- Estudantes de universidades privadas da província ocidental do Sri Lanka.
- Professores de universidades privadas da província ocidental do Sri Lanka.
- Estudantes de universidades públicas da província ocidental do Sri Lanka.
- Professores de universidades públicas da província ocidental do Sri Lanka.

As respostas recolhidas de todos os questionários foram analisadas para se chegar aos resultados. A secção seguinte destaca claramente a análise dos resultados.

4.2 Metodologia de investigação

Esta secção aborda a metodologia utilizada para realizar o estudo e explica os participantes, os instrumentos e os procedimentos.

4.2.1. Participantes

O estudo foi efectuado em universidades privadas e governamentais da província ocidental. Foi pedido a estudantes e professores de diferentes níveis de licenciatura e pós-graduação que preenchessem um questionário em linha.

De uma população total de 300 estudantes, um total de 282 estudantes voluntariou-se para participar no questionário em linha: eram de diferentes áreas disciplinares e de diferentes grupos etários.

De uma população total de 100 professores, um número total de 60 professores voluntariou-se para participar no questionário em linha: pertenciam a diferentes áreas disciplinares e a diferentes grupos etários. A distribuição por género, nível etário e posse de dispositivos móveis dos estudantes e por género, experiência de ensino dos professores e posse de dispositivos móveis é apresentada nos quadros 4 e 5.

Item		N = 282
	Frequência	Percentagem
Género		
Masculino	146	51.8%
Feminino	136	48.2%
Idade		

18 - 20	11	3.9%
20 - 25	181	64.2%
25 - 30	71	25.2%
30 - 35	13	4.6%
>35	6	2.1%
Propriedade do dispositivo móvel		
Sim	282	100%
Não	0	0%

Tabela 4- Informações demográficas dos alunos

Item	N = 60	
	Frequência	Percentagem
Género		
Masculino	32	53.3%
Feminino	28	46.7%
Experiência de ensino em anos		
> 20	9	15%
15-20	12	20%
10 -14	8	13.3%
5-9	18	30%
<5	13	21.7%
Propriedade do dispositivo móvel		
Sim	60	100%
Não	0	0%

Tabela 5 - Informação demográfica dos docentes

4.2.2. Instrumento de investigação

Foram elaborados dois questionários separados para avaliar a perceção dos estudantes em relação à utilização da aprendizagem móvel e a perceção dos professores em relação à utilização da aprendizagem móvel. Foi pedido a ambos os grupos (estudantes e professores) que preenchessem o questionário, que contém diferentes tipos de perguntas.

No questionário dos estudantes, o investigador começou por utilizar perguntas de formato fechado para determinar quais os dispositivos móveis e não móveis (PC, computador portátil, tablet e iPad) que possuem. Estudos anteriores utilizaram este tipo de formato de pergunta para saber mais sobre a disponibilidade de dispositivos móveis, a facilidade de utilização da Internet e o preço do acesso à Internet. Em segundo lugar, o investigador utilizou perguntas do tipo escala para avaliar as facilidades dos seus dispositivos móveis (por exemplo: "O seu dispositivo móvel tem serviço 3G? Sim /Não/Não tenho a certeza; 'O seu dispositivo móvel consegue ler ou abrir o documento PDF? Sim/Não/Não tenho a certeza)

Em terceiro lugar, foi desenvolvida uma escala de Likert de cinco pontos composta por 11 afirmações para avaliar a utilização de telemóveis pelos estudantes. (Em seguida, o investigador utilizou perguntas do tipo Sim/Não para identificar os conhecimentos actuais dos estudantes sobre aprendizagem móvel e para identificar se gostariam ou não de aprender sobre aprendizagem móvel. Também foi pedido aos alunos que escrevessem uma explicação para as suas respostas. Em quinto lugar, foi desenvolvida uma escala de Likert de cinco pontos, composta por 25 afirmações, para avaliar a atitude dos estudantes em relação ao M-Learning. (por exemplo: "Gostaria de recomendar a outros que utilizassem dispositivos móveis para os seus estudos").

No conjunto de questionários dos docentes, em primeiro lugar, o investigador utilizou perguntas de formato fechado para avaliar quais os dispositivos móveis e não móveis (PC, computador portátil, tablet e iPad) que possuem. Em segundo lugar, o investigador utilizou perguntas de tipo escala para medir quais são as facilidades dos seus dispositivos móveis (por exemplo: 'O seu dispositivo móvel tem serviço 3G? Sim /Não/Não tenho a certeza; 'O seu dispositivo móvel consegue ler ou abrir o documento PDF? Sim/Não/Não tenho a certeza)

Em terceiro lugar, foi desenvolvida uma escala de Likert de cinco pontos composta por 11 afirmações para avaliar a utilização de telemóveis pelos estudantes. (Em seguida, o investigador utilizou perguntas do tipo Sim/Não para identificar os conhecimentos actuais dos estudantes sobre aprendizagem móvel e para identificar se gostariam ou não de aprender sobre aprendizagem móvel. Foi também pedido aos professores que escrevessem uma explicação para as suas respostas. Em quinto lugar, foi desenvolvida uma escala de Likert de cinco pontos, composta por 15 afirmações, para avaliar a atitude dos estudantes em relação ao M-Learning. (por exemplo: "Gostaria de recomendar a outras pessoas que utilizassem dispositivos móveis como auxiliares de ensino").

No final, a investigação selecionou uma amostra aleatória de estudantes e professores e entrevistou-os para identificar as questões relacionadas com as ferramentas de aprendizagem móvel existentes, as suas expectativas em relação a uma ferramenta móvel e a sua opinião sobre os desafios que poderão ter de ser enfrentados ao implementar esta nova tecnologia.

4.2.3. Procedimento

Foram concebidos dois questionários em linha para recolher os dados para este estudo. O questionário foi enviado por correio eletrónico a todos os estudantes e professores. A mensagem de correio eletrónico continha a ligação para o questionário e o tempo previsto para o preenchimento do inquérito era de 10 minutos.

4.3 Análise de dados e resultados

Esta secção explica as técnicas estatísticas utilizadas na análise dos dados recolhidos. Além disso, a secção apresenta os resultados obtidos. Os dados foram codificados e analisados com recurso ao Statistical Package for Social Science (SPSS) versão 20.0

4.4 Resultados obtidos com as perguntas de formato fechado

A Figura 5 mostra que 80,1% dos alunos possuem um computador portátil, 67,7% dos alunos têm smartphones, 45,4% têm telemóveis, 36,9% têm computadores pessoais, 6% têm iPods e 2,5% têm outros dispositivos, como tablets, iPod, etc.

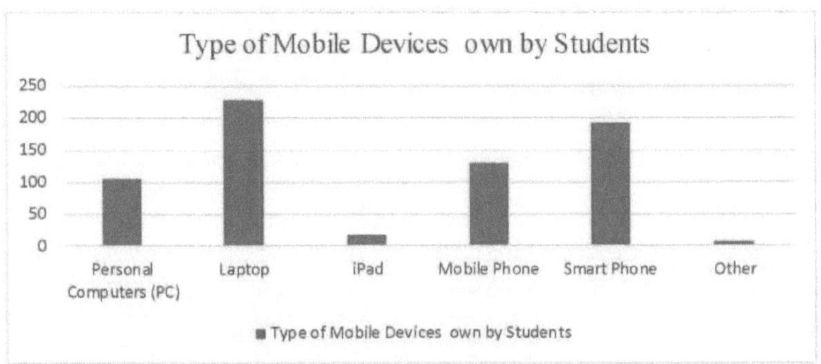

Figure 5 - Tipo de dispositivos móveis dos alunos

O estudo também investiga as capacidades funcionais dos seus dispositivos móveis. Por exemplo, quantos dispositivos têm a capacidade de ler ou abrir ficheiros PDF? A Figura 6 mostra que 71,6% dos dispositivos móveis podem ler ou abrir ficheiros Word, 78% dos dispositivos móveis podem ler documentos PDF, 64,5% dos dispositivos móveis podem ler documentos Excel, 64,9% podem ler ficheiros Power Point, 91,5% podem abrir ficheiros de vídeo, 92,9% podem abrir ficheiros de áudio e 93,6% podem abrir ficheiros gráficos.

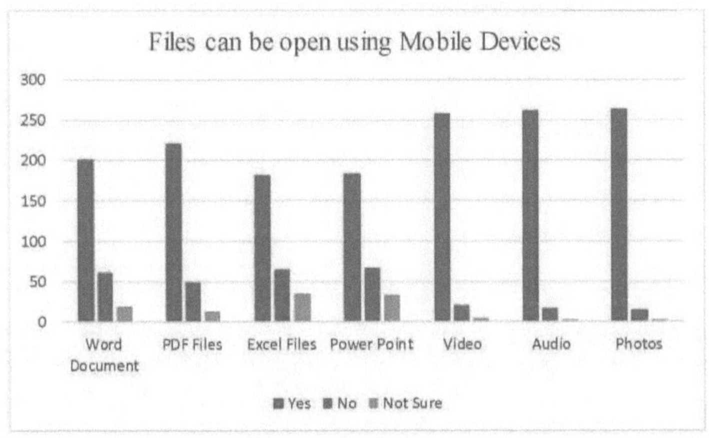

Figure 6 - Os ficheiros podem ser abertos através de um dispositivo móvel

De acordo com o gráfico acima mencionado, a maioria dos dispositivos tem capacidade para ler ou abrir documentos Word, documentos PDF, documentos Excel, power points, ficheiros de vídeo, ficheiros áudio e fotografias. Antes de implementar qualquer ferramenta de aprendizagem móvel, os programadores devem ter conhecimentos sólidos sobre os ficheiros que podem ser lidos ou abertos utilizando um dispositivo móvel.

Figure 7 mostra os dispositivos que são propriedade dos docentes. Neste caso, 85% dos professores têm computadores pessoais, 65% têm computadores portáteis, 61,7% têm smartphones, 50% têm telemóveis,

16,7% têm tablets e 8,3% dos professores têm iPad.

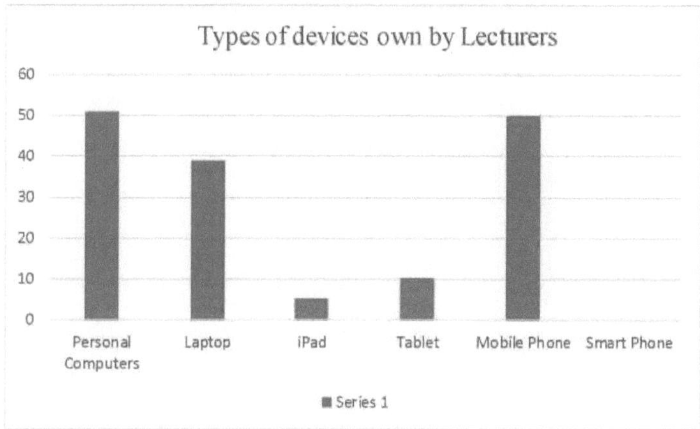

Figura 7 - Tipo de dispositivos dos docentes

O estudo também investiga as capacidades funcionais dos dispositivos móveis utilizados pelos professores. Por exemplo, quantos dispositivos têm a capacidade de ler ou abrir ficheiros PDF?

A figura 8 mostra que 60% dos dispositivos móveis podem ler ou abrir ficheiros Word, 21,7% dos dispositivos móveis podem ler documentos PDF, 56,7% dos dispositivos móveis podem ler documentos Excel, 56,7% podem ler ficheiros Power Point, 88,3% podem abrir ficheiros de vídeo, 88,3% podem abrir ficheiros de áudio e 88,3% podem abrir ficheiros gráficos.

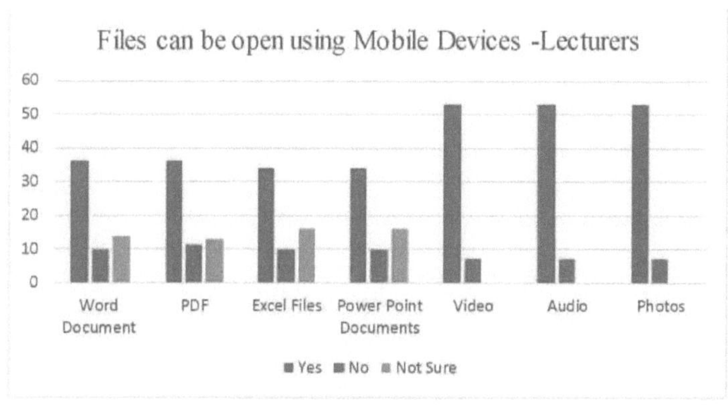

Figura 8 - Os ficheiros podem ser abertos através de dispositivos móveis: Docentes

O estudo investiga a experiência de navegação na Internet e a experiência de navegação na Internet móvel dos estudantes e dos professores. Os estudantes têm 99,3% de experiência de navegação na Internet e 97,5% de experiência de navegação na Internet móvel. Os professores têm 98,3% de experiência de navegação na Internet e 85% de experiência de navegação na Internet móvel.

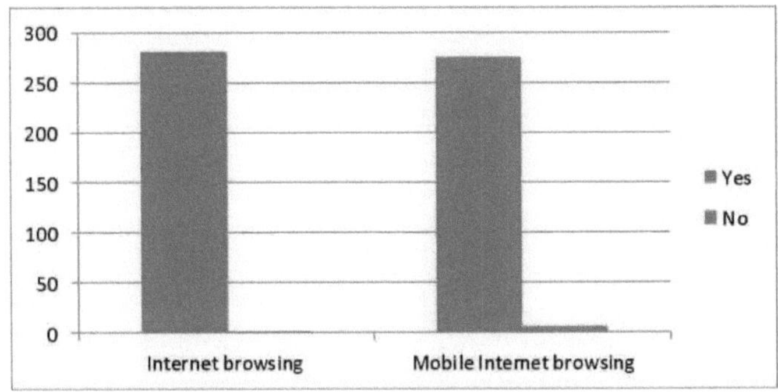

Figura 9 - Experiência de navegação na Internet dos alunos

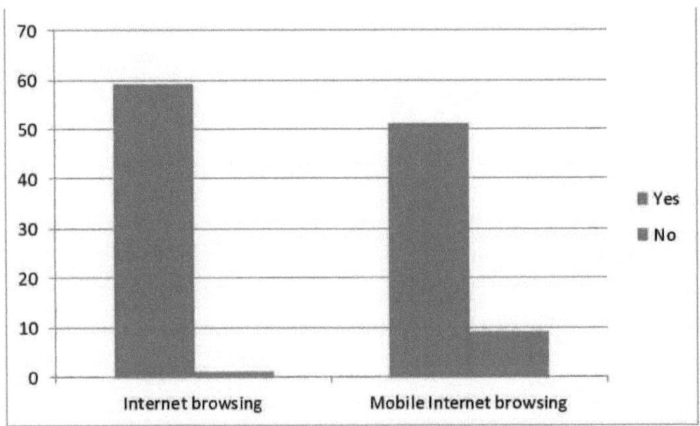

Figura 10 - Experiência de navegação na Internet Professores

De acordo com os resultados dos dados recolhidos, mais de 80% da população, incluindo professores e estudantes, têm experiência de navegação na Internet e de navegação na Internet móvel. Além disso, o estudo concluiu que os conhecimentos dos estudantes e dos docentes sobre m-learning e se gostam de aprender sobre a tecnologia m-learning. 62,1% dos estudantes têm uma ideia sobre o m-learning e 85,1% dos estudantes desejam saber mais pormenores sobre o m-learning.

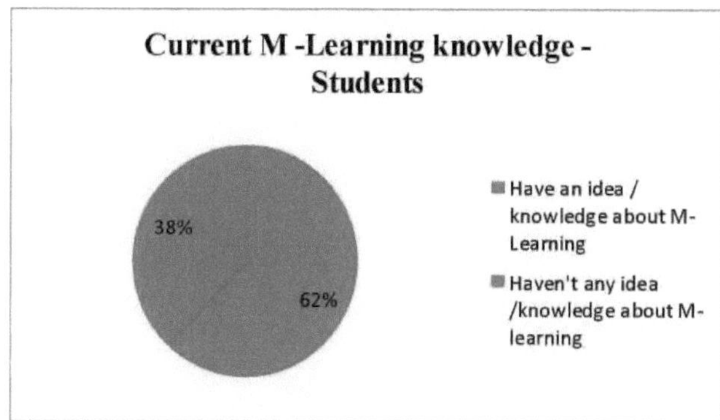

Figura 11- Conhecimentos actuais sobre M-Learning: Estudantes

86,7% dos professores têm uma ideia sobre o m-learning e 80% dos professores desejam saber mais pormenores sobre o m-learning.

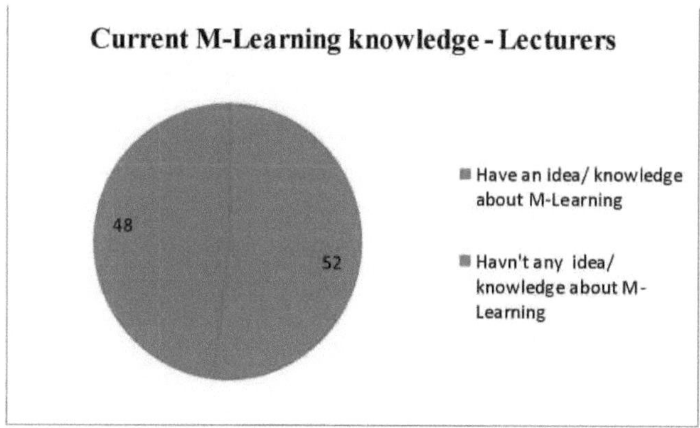

Figura 12 - Conhecimentos actuais sobre M-learning: Docentes

De acordo com os resultados, mais de 70% da população tem uma ideia sobre a aprendizagem móvel e gostaria de aprender mais sobre o assunto.

4.4 Resultados das perguntas da escala de Likert

Antes de introduzir uma ferramenta de aprendizagem móvel aos estudantes e às aulas, é necessário identificar a forma como estes se envolvem com os seus telemóveis.

Por conseguinte, o investigador deu 11 afirmações aos estudantes para identificar a forma como estão a utilizar os seus dispositivos móveis e medir as finalidades da sua utilização.

A Tabela 5 mostra a utilização de dispositivos móveis pelos estudantes. Os estudantes responderam a uma escala de cinco pontos, de 1 (menos utilizado) a 5 (mais utilizado), para 11 afirmações.

N= 282					
Declaração	**Média**	**Frequência Resposta de 1 a 5**	**Frequência**	**Percentagem**	**Padrão Desvio**
Conversar	4.22	5	160	56.7%	1.038
Enviar / receber SMS	4.39	5	172	61.0%	0.907
Enviar / receber MMS	2.15	1	150	53.2%	1.475
Enviar / receber mensagens electrónicas	3.10	5	64	22.7%	1.460
Aceder às redes sociais.	3.76	5	113	40.1%	1.330
Aceder a informações educativas na Internet	3.37	4	74	26.2%	1.301
Jogos	2.82	1	81	28.7%	1.489
Conversar	3.34	5	93	33.0%	1.511
Descarregar/transferir ficheiros, fotografias, áudios ou dados	3.44	5	81	28.7%	1.341
Ouvir música	3.95	5	122	43.3%	1.211

Tabela 6 - Utilização de dispositivos móveis

Mais de 50% dos estudantes utilizam os seus dispositivos móveis para conversar, enviar ou receber SMS, transferir ficheiros, ouvir música, conversar, aceder a redes sociais e aceder a informações educativas na Internet. Por último, o Quadro 6 apresenta o desvio-padrão dos dados obtidos. O desvio-padrão é importante porque dá uma indicação de como os dados se distribuem em torno da média. O desvio-padrão das afirmações na Tabela 6 varia entre 0,9 e 1,5, indicando que a utilização de dispositivos móveis pelos estudantes para diferentes fins é semelhante.

A Tabela 7 apresenta as respostas médias a 25 afirmações sobre conceitos de aprendizagem móvel. Os estudantes responderam a uma escala de cinco pontos de 1 (discordo totalmente) a 5 (concordo totalmente).

Declaração	Média	Desvio padrão
A aprendizagem móvel é boa para os adultos trabalhadores que estão a frequentar o ensino superior.	4.04	0.997
Considero que os dispositivos móveis são úteis nas minhas actividades de aprendizagem.	4.15	0.912
Os dispositivos móveis podem ser uma ferramenta eficaz na sala de aula e no ensino à distância.	4.03	0.969
Utilizando o m-learning, os meus resultados de aprendizagem aumentarão	3.82	0.988
A aprendizagem móvel vai tornar a minha vida difícil.	1.91	1.058
A utilização do m-learning permitir-me-á ter acesso a mais informações sobre os meus cursos em qualquer lugar e a qualquer momento.	4.10	0.919
Sinto-me confiante com as aplicações móveis e de aprendizagem móvel.	3.73	0.994

Seria fácil para mim tornar-me hábil na utilização de sistemas de aprendizagem móvel	3.79	0.905
Consideraria a aprendizagem eletrónica fácil de utilizar	3.71	0.954
Os meus colegas/professores encorajam-me a utilizar a aprendizagem móvel.	3.17	1.128
A minha universidade/instituto está preparada para a aprendizagem móvel através da utilização de dispositivos móveis.	3.23	1.155
Alguns dos meus professores já estão a integrar a aprendizagem móvel no seu ensino.	2.98	1.211
Os professores do meu instituto/universidade serão úteis na utilização de sistemas/tecnologias de aprendizagem móveis.	3.34	1.042
Tenho recursos para utilizar a aprendizagem móvel.	3.73	1.102
Os meus colegas têm conhecimentos/competências suficientes para me apoiarem quando tenho um problema com dispositivos móveis.	3.76	0.995
A utilização de dispositivos móveis facilitaria a comunicação com professores e estudantes.	3.93	0.948
Estou pronto para a aprendizagem móvel (m-learning) se a universidade/instituto a implementar agora.	3.99	0.954
Gosto de experimentar novas tecnologias	4.27	0.883
Utilizo sempre os dispositivos móveis para encontrar novos conhecimentos.	3.74	0.998
Gostaria que o meu professor integrasse a aprendizagem móvel na minha sala de aula, para além das reuniões presenciais na sala de aula.	3.61	1.038
Tenciono utilizar dispositivos móveis em vez do meu PC (computador pessoal) para fins educativos.	3.40	1.043
Tenciono aumentar a minha utilização de serviços móveis no futuro.	3.90	0.969
Vou gostar de utilizar dispositivos móveis para aprender	3.969	0.888
Estou ansioso por participar na aprendizagem móvel.	3.89	0.933
Gostaria de recomendar a outros que utilizem dispositivos móveis para os seus estudos.	4.03	0.950

Tabela 7 - Respostas para o conceito de M-Learning: Estudantes

As primeiras 5 perguntas investigam as capacidades dos estudantes para utilizar o M-Learning. Por outras palavras, as primeiras 4 perguntas investigam o efeito do fator Expectativa de Desempenho na Aprendizagem Móvel. A média das respostas foi de 4,15, que se situa na área "Concordo" e "Concordo totalmente". A quinta pergunta é sobre o facto de a aprendizagem móvel dificultar a vida dos estudantes. A média das respostas foi de 1,91, que se situa na área "Discordo" e "Discordo totalmente". O resultado destas 5 perguntas indica que os estudantes têm capacidade para utilizar dispositivos móveis para estudar.

O conjunto seguinte de perguntas (6-9) foi concebido para medir a expetativa de esforço dos estudantes relativamente à aprendizagem móvel. A pergunta 6 é sobre se a utilização do m-learning permitirá aos estudantes ter acesso a mais informações sobre os seus cursos em qualquer lugar e em qualquer altura. A média foi de 4,10, que se situa na área "Concordo" e "Concordo totalmente". Em seguida, foi perguntado aos participantes se se sentem confiantes com as aplicações móveis e de aprendizagem móvel. A média foi de 3,73, que se situa na área "Satisfatório" e "Concordo". A oitava pergunta é se é fácil tornar-se hábil na utilização de aplicações de aprendizagem móvel. A média foi de 3,79, o que representa uma resposta positiva, indicando que os estudantes conseguem ver os benefícios do M-learning neste domínio.

A pergunta seguinte foi concebida para saber se é fácil ou não utilizar a aprendizagem móvel. A média foi de 3,71, que se situa entre "Satisfatório" e "Concordo".

A parte seguinte do conjunto de questionários foi concebida para medir a influência social dos estudantes relativamente à aprendizagem móvel.

A décima pergunta destina-se a saber se os amigos e os professores os incentivam ou não a utilizar esta tecnologia. A média foi de 3,17, que se situa entre "Satisfatório" e "Concordo". A décima primeira pergunta pretende saber se a universidade ou os professores estão preparados para utilizar a aprendizagem móvel com recurso a dispositivos móveis. A média foi de 3,23, que se situa entre "Satisfatório" e "Concordo". A pergunta seguinte destina-se a saber se os professores estão atualmente a integrar os dispositivos móveis quando estão a ensinar. A média foi de 2,98, que se situa entre "Satisfatório" e "Discordo".

A pergunta seguinte visa saber se as aulas na universidade dos estudantes serão úteis para a utilização de sistemas/tecnologias de aprendizagem móvel. A média foi de 3,34, que se situa entre "Satisfatório" e "Concordo".

As três perguntas seguintes foram concebidas para medir as condições que facilitam a aprendizagem móvel.

A décima quarta pergunta é feita para saber se os estudantes têm recursos suficientes para utilizar a aprendizagem móvel. A média foi de 3,73, que se situa entre "Satisfatório" e "Concordo". A pergunta seguinte destina-se a saber se os alunos têm um problema com o dispositivo móvel e se os seus amigos têm conhecimentos suficientes para o resolver ou não. A média foi de 3,76, situando-se entre "Satisfatório" e "Concordo". A pergunta seguinte visa determinar se é fácil comunicar com os professores através de dispositivos móveis. A média foi de 3,93, situando-se entre "Satisfatório" e "Concordo".

O conjunto de perguntas seguinte foi concebido para medir a voluntariedade da utilização da aprendizagem móvel. A pergunta dezasseis examinou se os estudantes estão preparados para a aprendizagem móvel se a universidade ou instituto a implementar. A média foi de 3,99, que se situa entre "Satisfatório" e "Concordo". A pergunta dezassete analisou se os estudantes gostam ou não de experimentar novas tecnologias. A média foi de 4,27, situando-se entre "Concordo" e "Concordo totalmente". A questão seguinte consiste em saber se os estudantes utilizam os seus dispositivos móveis para adquirir novos conhecimentos. A média foi de 3,74, situando-se entre "Satisfatório" e "Concordo". A décima nona questão examina se os estudantes gostariam que o seu professor integrasse a aprendizagem móvel na sala de aula, para além das reuniões presenciais na sala de aula. A média foi de 3,61, que se situa entre "Satisfatório" e "Concordo".

A última parte do questionário foi concebida para examinar a intenção comportamental relativamente à aprendizagem móvel. A pergunta vinte e um pretendia saber se planeiam utilizar dispositivos móveis em vez do PC para fins educativos. A média foi de 3,40, que se situa entre "Satisfatório" e "Concordo".

A pergunta seguinte destinava-se a analisar a intenção dos estudantes de aumentar a sua utilização de telemóveis no futuro. A média foi de 3,90, que se situa entre "Satisfatório" e "Concordo". A pergunta vinte e três foi colocada para examinar se os estudantes vão gostar de utilizar os dispositivos móveis para se apoiarem. A média foi de 3,969, situando-se entre "Satisfatório" e "Concordo". A pergunta seguinte destina-se a saber se os estudantes gostam ou não de utilizar a aprendizagem móvel. A média foi de 3,89, que se situa entre "Satisfatório" e "Concordo".

A última pergunta foi sobre se gostariam de recomendar dispositivos móveis para os seus estudos. A média foi de 4,03, que se situa entre "Concordo" e "Concordo totalmente". Por último, o Quadro 7 apresenta o desvio-padrão dos dados obtidos.

O desvio padrão é importante porque dá uma indicação de como os dados se separam em torno da média. Um desvio padrão grande significa que existe muita variação nas respostas.

Um desvio-padrão pequeno significa que os dados são semelhantes e menos dispersos. Os desvios-padrão das perguntas da Tabela 7 variam entre 0,88 e 1,211, o que indica que as respostas dos alunos são semelhantes.

A Tabela 8 apresenta as respostas médias a 23 afirmações sobre conceitos de aprendizagem móvel. Os docentes responderam a uma escala de cinco pontos de 1 (discordo totalmente) a 5 (concordo totalmente).

Declaração	Média	Padrão Desvio
Os dispositivos móveis podem melhorar a qualidade da educação	1.21.	0.409
Os dispositivos móveis podem ser uma ferramenta eficaz na sala de aula e no ensino à distância	3.87	0.945
Consideraria os dispositivos móveis úteis no meu método de ensino.	4.00	0.907
Com a utilização de dispositivos móveis, os meus resultados pedagógicos aumentarão.	3.38	1.030
Os dispositivos móveis podem ser utilizados para fins administrativos.	3.98	0.882
Na sala de aula, permito que os alunos utilizem dispositivos móveis apenas para fins académicos.	3.74	0.929
Sinto-me confiante com as aplicações móveis	3.98	0.966
Considero que a aprendizagem eletrónica é fácil de utilizar entre estudantes e colegas.	3.33	1.106
A direção do meu instituto / universidade apoiará a utilização de sistemas/tecnologias de aprendizagem móvel.	3.71	0.922
Alguns dos meus colegas já estão a integrar a aprendizagem móvel no seu ensino.	3.12	1.009

A minha universidade/instituto está preparada para a aprendizagem móvel através da utilização de dispositivos móveis.	3.01	0.888
Tenho os recursos necessários para utilizar a aprendizagem móvel.	3.86	0.811
É fácil comunicar com os alunos através de dispositivos móveis.	3.51	1.047
Os meus colegas têm conhecimentos ou competências suficientes para me apoiarem quando tenho um problema com dispositivos móveis.	3.57	1.076
Estou pronto a ensinar utilizando tecnologias de aprendizagem móvel (m-learning) se a universidade/instituto as implementar agora.	3.76	1.036
Estou interessado em utilizar dispositivos móveis como ferramenta de ensino e aprendizagem.	3.02	0.869
Utilizo sempre os dispositivos móveis para encontrar novos conhecimentos.	3.33	1.106
Gostaria que os meus alunos se integrassem em actividades de aprendizagem móvel na minha sala de aula, para além das reuniões presenciais na sala de aula.	3.86	0.811
Tenciono utilizar os dispositivos móveis como auxiliar de ensino em vez do método tradicional.	3.51	1.047
Vou gostar de utilizar dispositivos móveis para ensinar.	3.79	0.995
Gostaria de recomendar a outras pessoas que utilizem os dispositivos móveis como auxiliares de ensino.	3.91	0.950

Tabela 8- Respostas para os conceitos de M-Learning: Docentes

As primeiras 4 questões investigam as capacidades dos docentes para utilizar o M-Learning. Por outras palavras, as primeiras 4 perguntas investigam a eficácia do fator Expectativa de Desempenho para a Aprendizagem Móvel. A média das respostas foi de 3,87, que se situa na área "Concordo" e "Satisfatório". O resultado destas 4 perguntas indica que os docentes têm capacidade para utilizar dispositivos móveis para o seu estudo.

O conjunto seguinte de perguntas (5-8) foi concebido para medir a expetativa de esforço dos docentes relativamente à aprendizagem móvel. A pergunta 6 pretende saber se os dispositivos móveis podem ser utilizados para fins administrativos. A média foi de 3,98, que se situa na área "Concordo" e "Satisfatório". Em seguida, foi perguntado aos participantes se, na sala de aula, permitem que os alunos utilizem dispositivos móveis apenas para fins académicos. A média foi de 3,74, que se situa na área "Satisfatório" e "Concordo". A média foi de 3,79, o que representa uma resposta positiva, indicando que os professores têm confiança na utilização de aplicações móveis.

A pergunta seguinte foi concebida para saber se é fácil ou não utilizar a aprendizagem móvel. A média foi de 3,33, que se situa entre "Satisfatório" e "Concordo".

A parte seguinte do conjunto de questionários foi concebida para medir a influência social dos professores relativamente à aprendizagem móvel.

A nona pergunta destina-se a apurar se a direção do seu instituto/universidade apoiará a utilização de sistemas/tecnologias de aprendizagem móvel. A média foi de 3,17, que se situa entre "Satisfatório" e

"Concordo". A décima questão pretende saber se os seus amigos (outros professores) já estão a integrar a aprendizagem móvel no seu ensino. A média foi de 3,12, situando-se entre "Satisfatório" e "Concordo". A pergunta seguinte é "a minha universidade/instituto está preparada para a aprendizagem móvel através da utilização de dispositivos móveis". A média foi de 3,01, situando-se entre "Satisfatório" e "Concordo".

As três perguntas seguintes foram concebidas para medir as condições que facilitam a aprendizagem móvel. A décima terceira pergunta destina-se a determinar se os professores dispõem de recursos suficientes para utilizar a aprendizagem móvel. A média foi de 3,86, que se situa entre "Satisfatório" e "Concordo

A pergunta seguinte é "para saber se é fácil comunicar com os alunos utilizando dispositivos móveis".

A média foi de 3,51, que se situa entre "Satisfatório" e "Concordo". A pergunta seguinte destina-se a saber se os colegas têm conhecimentos ou competências suficientes para me apoiarem quando têm um problema com dispositivos móveis. A média foi de 3,57, que se situa entre "Satisfatório" e "Concordo".

O conjunto de perguntas seguinte foi concebido para medir a voluntariedade da utilização da aprendizagem móvel. A pergunta dezasseis examinou se os professores estão preparados para a aprendizagem móvel se a universidade ou instituto a implementar.

A média foi de 3,76, que se situa entre "Satisfatório" e "Concordo". A pergunta seguinte examinou se os professores estão interessados em utilizar dispositivos móveis como ferramenta de ensino e aprendizagem.

A média foi de 3,02, situando-se entre "Concordo" e "Satisfatório". A questão seguinte é saber se os docentes utilizam os seus dispositivos móveis para obter novos conhecimentos. A média foi de 3,33, situando-se entre "Satisfatório" e "Concordo". A pergunta seguinte analisa se os professores gostariam de dar as suas aulas integrando a aprendizagem móvel na sala de aula, para além das reuniões presenciais na sala de aula. A média foi de 3,86, situando-se entre "Satisfatório" e "Concordo".

A última parte do questionário foi concebida para examinar a intenção comportamental relativamente à aprendizagem móvel. Na pergunta vinte e um, foi perguntado se tencionavam utilizar dispositivos móveis como auxiliar de ensino em vez do método tradicional. A média foi de 3,51, que se situa entre "Satisfatório" e "Concordo".

A pergunta seguinte visava saber se gostariam de utilizar os dispositivos móveis para ensinar

A média foi de 3,79, que se situa entre "Satisfatório" e "Concordo". Na última pergunta, foi analisado se gostariam de recomendar os dispositivos móveis como material didático. A média foi de 3,91, situando-se entre "Concordo" e "Satisfatório".

Por último, o quadro 8 apresenta o desvio-padrão dos dados obtidos. O desvio-padrão é importante porque dá uma indicação da forma como os dados se separam em torno da média.

Um desvio padrão grande significa que há muita variação nas respostas. Um desvio-padrão pequeno significa que os dados são semelhantes e menos dispersos. Os desvios-padrão das perguntas da Tabela 8 variam entre 0,88 e 1,211, o que indica que as respostas dos docentes são semelhantes.

4.5 Análise dos dados dos alunos

Esta secção explica as técnicas estatísticas utilizadas na análise dos dados recolhidos dos alunos. Além disso, a secção apresenta os resultados obtidos.

A Tabela 9 apresenta a média, o desvio padrão, a assimetria e a curtose para cada item do questionário. Utilizando o gráfico de dados de assimetria, o investigador seria capaz de identificar as direcções do gráfico. As estatísticas de assimetria e curtose foram encontradas entre os intervalos aceitáveis, o que indica que não há desvio da normalidade dos dados.

O índice de assimetria assume o valor zero para uma distribuição simétrica. Um valor negativo indica uma distribuição negativamente enviesada e um valor positivo uma distribuição positivamente enviesada. O índice de curtose mede o grau em que o pico de uma distribuição de frequências unimodal se afasta da forma da distribuição normal; valores positivos indicam uma distribuição mais pontiaguda do que uma distribuição normal e um valor negativo uma distribuição mais plana. [SPSS.pdf]

O método de análise dos dados consistiu em duas etapas. A primeira etapa consistiu na avaliação do modelo de medição para verificar se o modelo se ajusta bem aos dados recolhidos, com base nos resultados satisfatórios. A segunda etapa (teste das hipóteses) pode então ser efectuada.

Variável	Média	S.D.	Skewness	Curtose
Expectativa de desempenho			**ancião**	
PE1	4.04	0.997	-1.148	1.227
PE2	4.15	0.912	-1.036	1.021
PE3	4.03	0.969	-0.979	0.693
PE4	3.82	0.988	-0.715	0.85
PE5	1.91	1.058	1.357	1.398
Expectativa de esforço				
EE1	4.10	0.919	-0.836	0.017
EE2	3.73	0.994	-0.468	-0.164
EE3	3.79	0.905	-0.540	0.131
EE4	3.71	0.954	-0.586	0.178
Influência social				
SI1	3.17	1.128	-0.085	-0.659
SI2	3.23	1.155	-0.286	-0.559
SI3	2.98	1.211	0.053	-0.891
SI4	3.34	1.042	0.319	-0.349
Condição facilitadora				
FC1	3.73	1.102	-0.814	0.137
FC2	3.76	0.995	-0.563	-0.068
FC3	3.93	0.948	-0.892	0.883
Voluntários de utilização				
VU1	3.99	0.954	-1.035	1.128
VU2	4.27	0.883	-1.297	1.715
VU3	3.74	0.998	-0.618	0.054
VU4	3.61	1.038	-0.690	0.078
Intenção comportamental				
BI1	3.40	1.043	-0.340	-0.374
BI2	3.90	0.969	-0.855	0.546
BI3	3.96	0.888	-0.790	0.652
BI4	3.89	0.933	-0.806	0.613

BI5	4.03	0.950	-1.084	1.168

Tabela 9 - Apresenta a média, o desvio padrão, a assimetria e a curtose para cada item do questionário: Dados dos alunos

De acordo com o índice de assimetria, os dados dos alunos não se encontram numa distribuição normal e estão distribuídos de forma negativa. O índice de curtose para os valores da expetativa de desempenho é positivo, o que indica uma distribuição mais pontiaguda do que uma distribuição normal. A Figura 13 mostra o histograma para a Expectativa de Desempenho nos dados dos alunos.

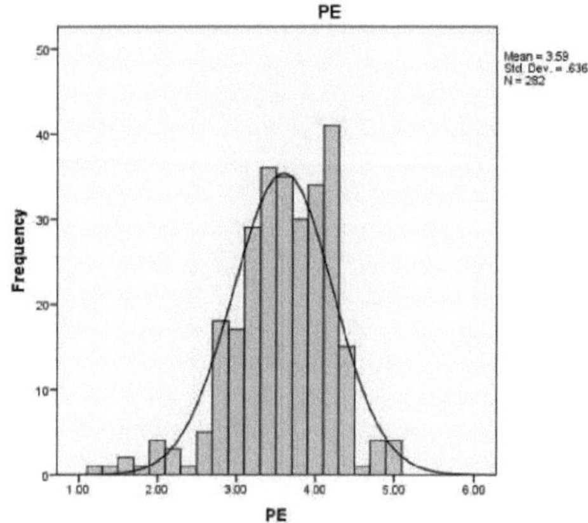

Figura 13 - Histograma para a Expectativa de Desempenho nos dados dos alunos

Na Expectativa de Esforço, os valores do índice de Kurtiosis são positivos, o que indica uma distribuição mais pontiaguda do que uma distribuição normal. A Figura 14 mostra o histograma para a Expectativa de Esforço nos dados dos alunos.

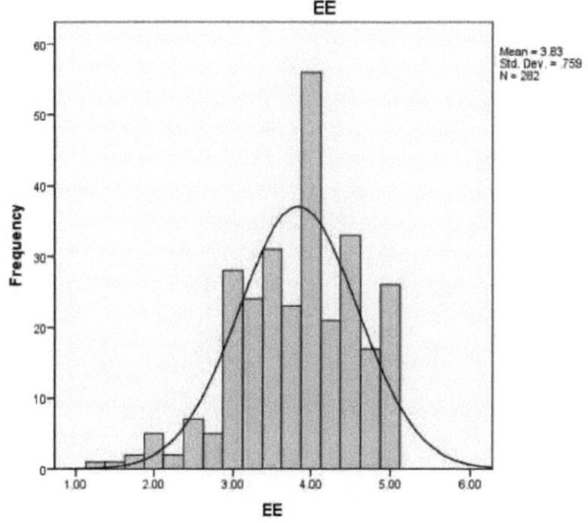

Figura 14- Histograma para a Expectativa de Esforço nos dados dos alunos

Na Influência Social, os valores do índice de Kurtiosis são negativos, o que indica uma distribuição mais plana. A Figura 15 mostra o histograma da Influência Social nos dados dos alunos.

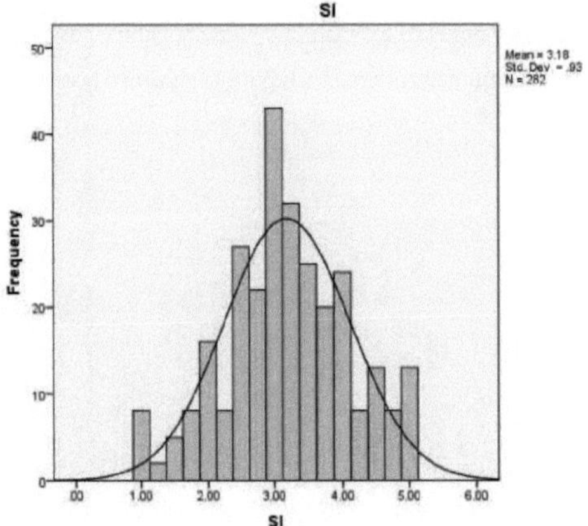

Figura 15 - Histograma da influência social nos dados dos alunos

Os valores do índice de Kurtiosis são positivos para a Condição Facilitadora, o que indica uma distribuição positiva. A Figura 16 mostra o histograma da Condição Facilitadora nos dados dos alunos.

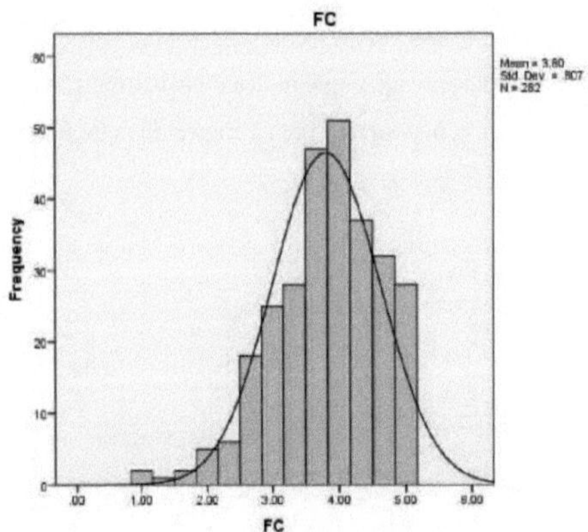

Figura 16- Histograma para a Condição Facilitadora nos dados dos alunos

Os valores do índice de Kurtiosis são positivos para os Voluntários de Utilização, o que indica uma distribuição positiva. A Figura 17 mostra o histograma para o Voluntariado de Utilização nos dados dos alunos.

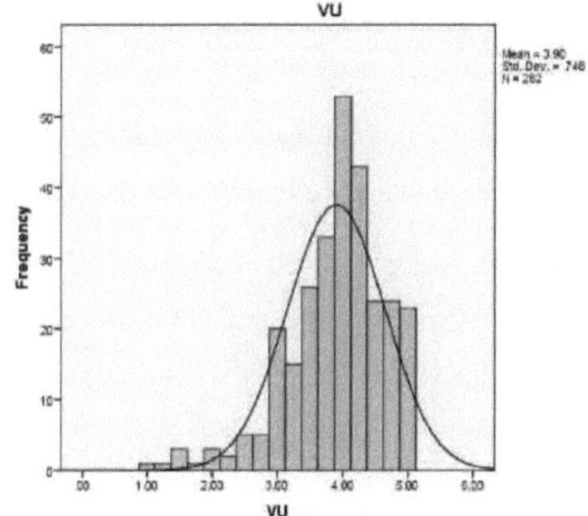

Figura 17- Histograma para Voluntários de uso nos dados dos Alunos

Os valores do índice de Kurtiosis são positivos para a Intenção de Comportamento, o que indica uma distribuição positiva. A Figura 18 mostra o histograma da Intenção Comportamental nos dados dos alunos.

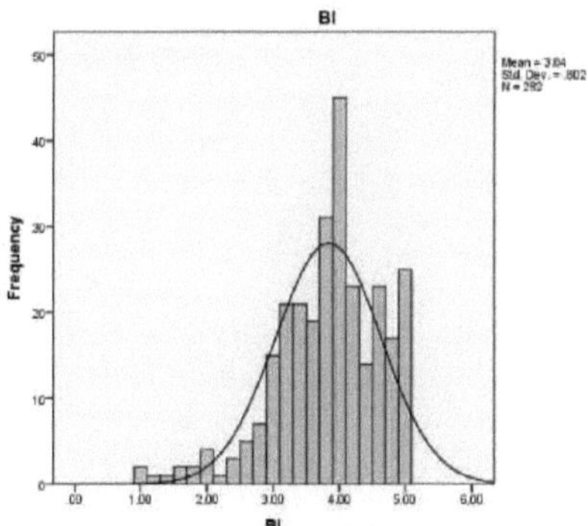

Figura 18- Histograma da Intenção Comportamental nos dados dos alunos

4.5.1 Teste de normalidade - Dados dos alunos

Os testes de normalidade são complementares à avaliação gráfica da normalidade. Os principais testes para a avaliação da normalidade são o teste de Kolmogorrov-Smirnov (K-S), o teste K-S corrigido de Lilliefors, o teste de Shapiro-Wilk, o teste de Anderson-Darling, o teste de Cramer-von Mises, o teste de assimetria de D'Agostino, o teste de curtose de Anscombe-Glynn, o teste omnibus de D'Agostino-Pearson e o teste de Jarque-Bera. Entre estes, o teste K-S é um teste muito utilizado e os testes K-S e Shapiro-Wilk podem ser efectuados através do SPSS. A Tabela 10 mostra o teste de normalidade da Expectativa de Desempenho para os dados dos alunos.

Testes de normalidade

	Kolmogorov-Smirnov[a]			Shapiro-Wilk		
	Estatísticas	df	Sig.	Estatísticas	Df	Sig.
PE	.092	282	.000	.957	282	.000

a. Correção do significado de Lilliefors

Tabela 10- Teste de normalidade para a Expectativa de Desempenho nos dados dos alunos

O valor p do teste de Shapiro-Wilk é 0,000, ou seja, inferior a 0,05, o que indica que é aceitável assumir que a distribuição não é normal. De acordo com o valor significativo, o investigador pode rejeitar a hipótese H0 e aceitar a hipótese H1.

A Figura 19 mostra que os histogramas, a Figura 20 mostra o gráfico Q-Q normal para os dados dos alunos, a Figura 21 mostra o gráfico Q-Q normal de tendência para os dados dos alunos e explica a distribuição dos dados. A análise da distribuição dos dados também apoia esta afirmação.

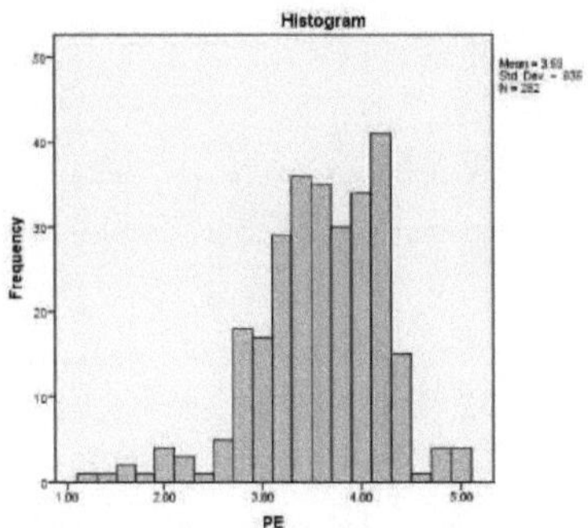

Figura 19- Histogramas para a Expectativa de Desempenho: Dados dos alunos

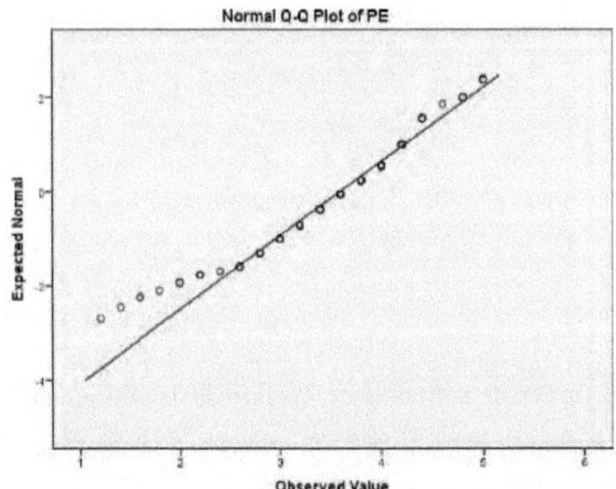

Figura 20 - Gráfico Q-Q normal para a Expectativa de Desempenho: Dados dos alunos

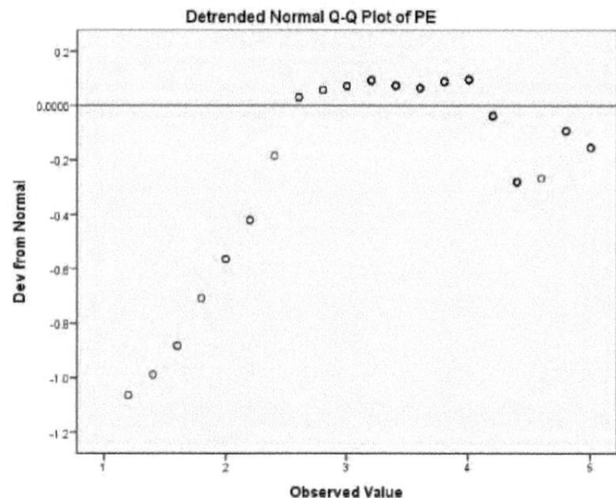

Figura 21- Gráfico Q-Q normal com tendência para a Expectativa de Desempenho: Dados dos alunos

A Tabela 11 mostra o teste de normalidade para a Expectativa de Esforço nos dados dos alunos.

Testes de normalidade

	Kolmogorov-Smimov[a]			Shapiro-Wilk		
	Estatísticas	df	Sig.	Estatísticas	Df	Sig.
EE	.129	282	.000	.959	282	.000

a. Correção de significância de Lilliefors

Tabela 11 - Teste de normalidade para a Expectativa de Esforço: Dados dos alunos

O valor p do teste de Shapiro-Wilk é 0,000, ou seja, inferior a 0,05, o que indica que é aceitável assumir que a distribuição não é normal. De acordo com o valor significativo, o investigador pode rejeitar a hipótese H0 e aceitar a hipótese H2.

A Figura 22 mostra que os histogramas, a Figura 23 mostra o gráfico Q-Q normal para a Expectativa de Esforço nos dados dos alunos, a Figura 24 mostra o gráfico Q-Q normal com tendência para os dados dos alunos e explica a distribuição dos dados. Isto também é apoiado pela análise da distribuição dos dados da Expectativa de Esforço nos dados dos alunos.

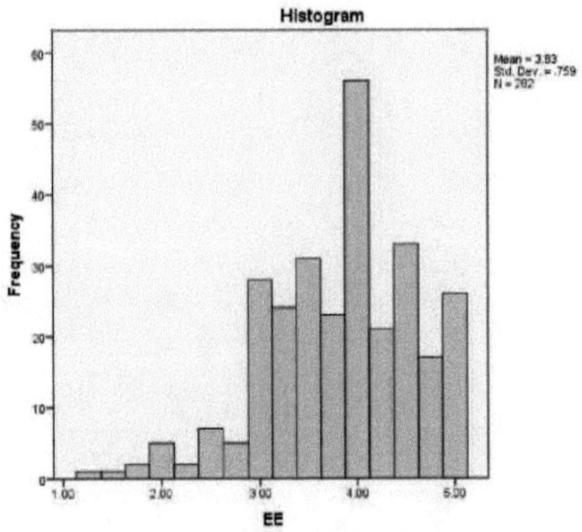

Figura 22 - Histograma da Expectativa de Esforço: Dados dos alunos

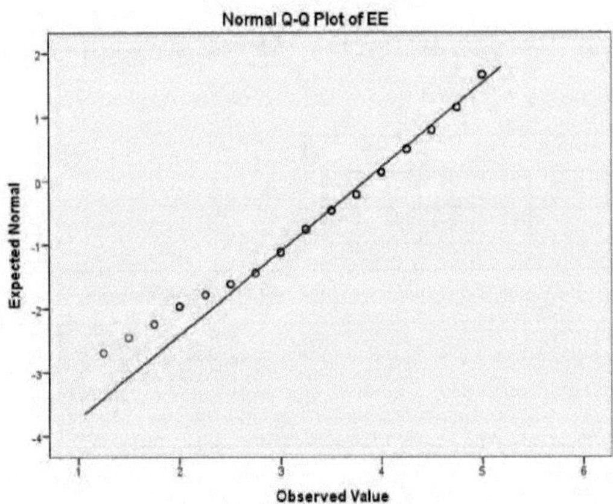

Figura 23- Gráfico normal Q-Q para a Expectativa de Esforço: Dados dos alunos

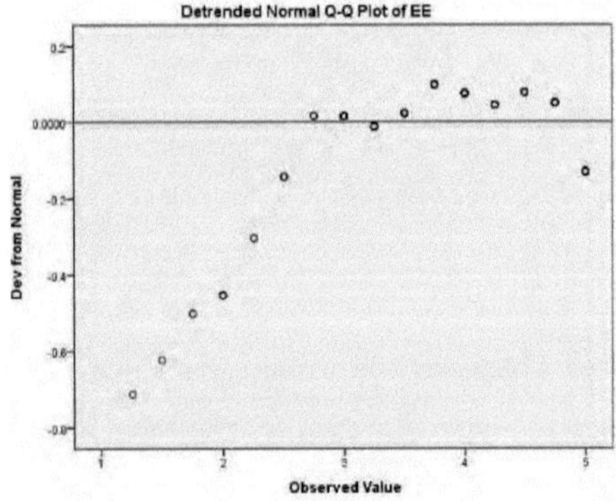

Figura 24 - Gráfico Q-Q normal de tendência de EE

O teste de normalidade para a Influência Social é apresentado no Quadro 12.

Testes de normalidade

	Kolmogorov-Smirnov[a]			Shapiro-Wilk		
	Estatísticas	Df	Sig.	Estatísticas	Df	Sig.
SI	.082	282	.000	.980	282	.000

a. Correção de significância de Lilliefors

Tabela 12- Teste de normalidade para Influência Social: Dados dos alunos

O valor p do teste de Shapiro-Wilk é 0,000, ou seja, inferior a 0,05, o que indica que é aceitável assumir que a distribuição não é normal. De acordo com o valor significativo, o investigador pode rejeitar a H0 e aceitar a H3. Como se pode ver na Figura 25, os histogramas, a Figura 26 mostra o gráfico Q-Q normal para os dados dos alunos, a Figura 27 mostra o gráfico Q-Q normal de tendência para os dados dos alunos e explica a forma como os dados se distribuem. A análise da distribuição dos dados também apoia este facto.

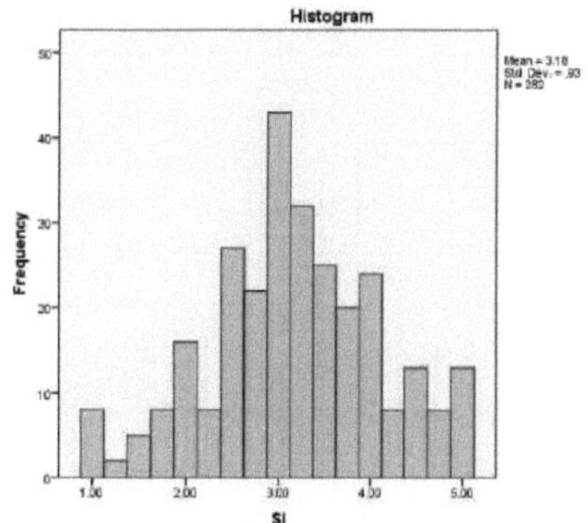

Figura 25 - Histograma para Influência Social: Dados dos alunos

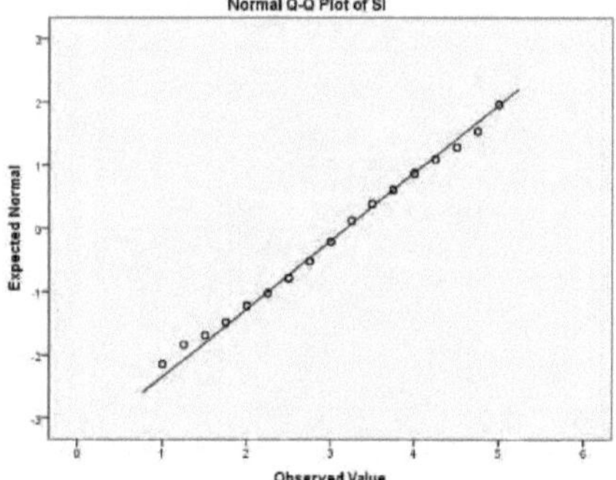

Figura 26 - Gráfico Q-Q normal para Influência social: Dados dos alunos

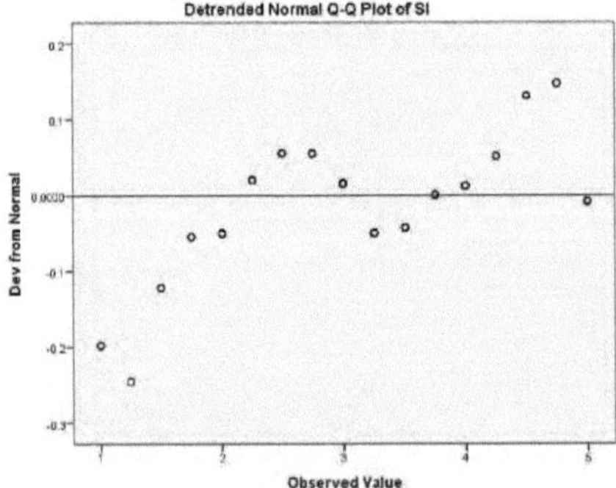

Figura 27- Gráfico Q-Q normal com tendência para a influência social: Dados dos alunos

Os valores de p do Shapiro-Wilk são 0,000 para a Condição Facilitadora, o que é inferior a 0,05, o que indica que é aceitável assumir que a distribuição não é normal. A Tabela 13 mostra o teste de normalidade para a Condição Facilitadora.

Testes de normalidade

	Kolmogorov-Smimov[a]			Shapiro-Wilk		
	Estatísticas	df	Sig.	Estatísticas	Df	Sig.
FC	.123	282	.000	.950	282	.000

a. Correção do significado de Lilliefors

Tabela 13 - Teste de normalidade para a condição facilitadora: Dados dos alunos

De acordo com o valor significativo, o investigador pode rejeitar a hipótese H0 e aceitar a hipótese H4. Como se pode ver na Figura 28, os histogramas, a Figura 29 mostra o gráfico Q-Q normal para os dados dos alunos, a Figura 30 mostra o gráfico Q-Q normal de tendência para os dados dos alunos e explica a distribuição dos dados. A análise da distribuição dos dados também apoia este facto

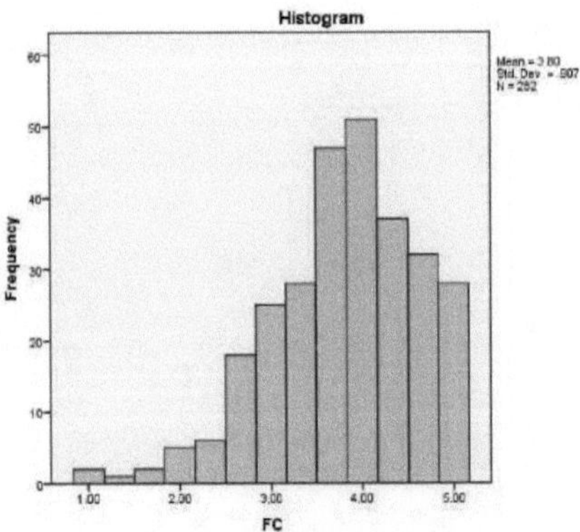

Figura 28 - Histograma para a Condição Facilitadora: Dados dos alunos

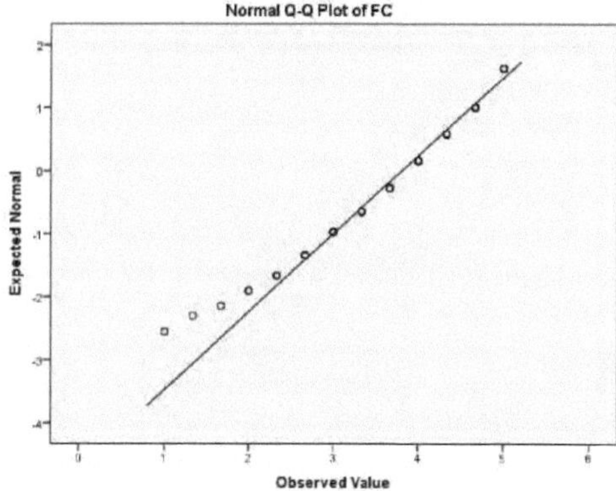

Figura 29 - Gráfico normal Q-Q da Condição Facilitadora: Dados dos alunos

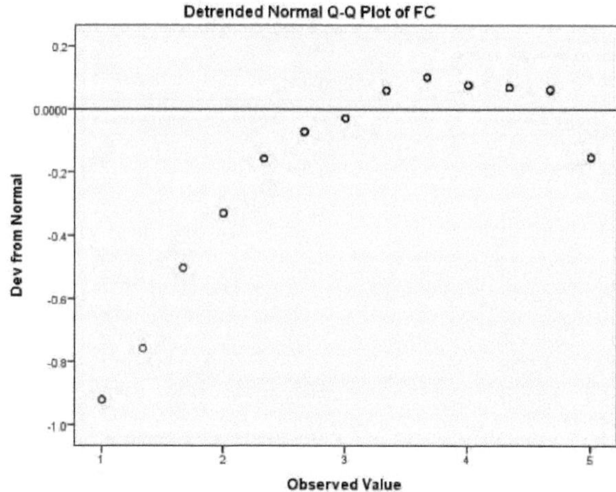

Figura 30 - Gráfico Q-Q normal com tendência para a condição de facilitação: Dados dos alunos

Os valores de p do teste de Shapiro-Wilk são 0,000 para os Voluntários de Utilização, o que é inferior a 0,05, o que indica que é aceitável assumir que a distribuição não é normal. A Tabela 14 mostra o teste de normalidade para os Voluntários de Utilização.

Testes de normalidade

	Kolmogorov-Smirnov[a]			Shapiro-Wilk		
	Estatísticas	df	Sig.	Estatísticas	Df	Sig.
VU	.144	282	.000	.932	282	.000

a. Correção de significância de Lilliefors

Tabela 14 - Teste de Normalidade para Voluntários de Utilização: Dados dos alunos

De acordo com o valor significativo, o investigador pode rejeitar a hipótese H0 e aceitar a hipótese H5. Como se pode ver na Figura 31, os histogramas, a Figura 32 mostra o gráfico Q-Q normal para os dados dos alunos, a Figura 33 mostra o gráfico Q-Q normal de tendência para os dados dos alunos e explica a distribuição dos dados. A análise da distribuição dos dados também apoia esta afirmação.

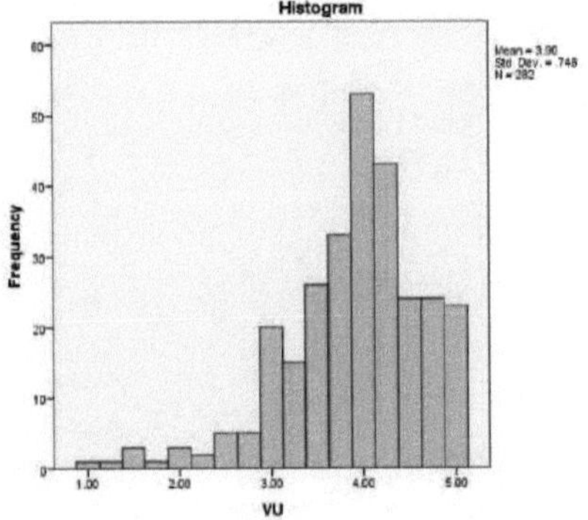

Figura 31- Histograma para Voluntários de Utilização: Dados dos alunos

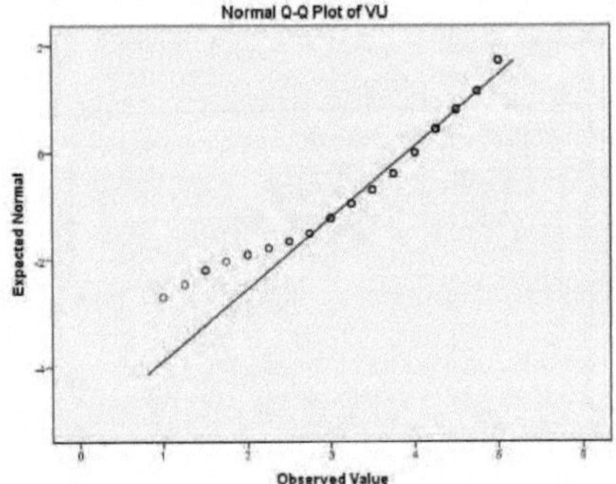

Figura 32 - Gráfico Q-Q normal para Voluntaries of Use: Dados dos alunos

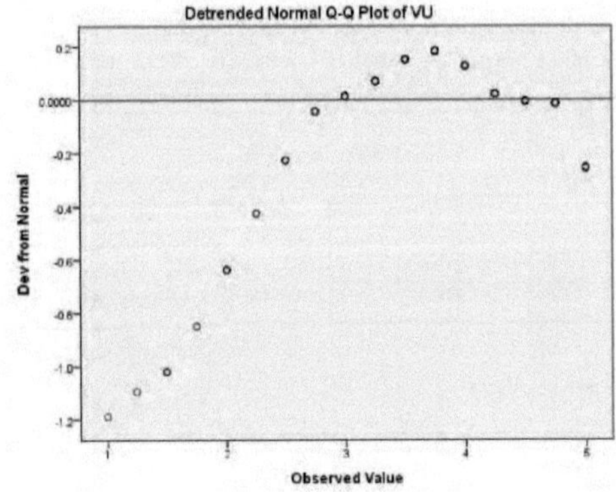

Figura 33 - Gráfico Q-Q normal com tendência para o voluntariado de utilização

Os valores de p do Shapiro-Wilk são 0,000 para a Intenção de Comportamento, o que é inferior a 0,05, o que indica que é aceitável assumir que a distribuição não é normal.

Table 15 apresenta o teste de normalidade para a Intenção de Comportamento.

Testes de normalidade

	Kolmogorov-Smirnov[a]			Shapiro-Wilk		
	Estatísticas	df	Sig.	Estatísticas	df	Sig.
BI	.113	282	.000	.943	282	.000

a. Correção do significado de Lilliefors

Tabela 15 - Teste de Normalidade para a Intenção Comportamental: Dados dos alunos

De acordo com o valor significativo, o investigador pode rejeitar a hipótese H0 e aceitar a hipótese H6. Como se pode ver na Figura 34, os histogramas, a Figura 35 mostra o gráfico Q-Q normal para os dados dos alunos, a Figura 36 mostra o gráfico Q-Q normal de tendência para os dados dos alunos e explica a distribuição dos dados. A análise da distribuição dos dados também apoia esta afirmação.

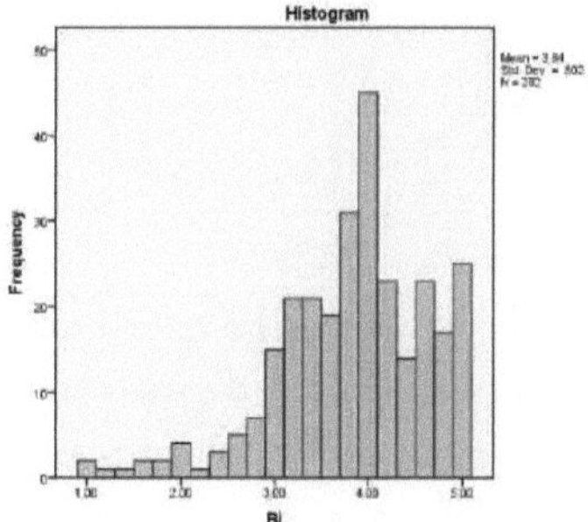

Figura 34 - Histograma para a Intenção de Comportamento: Dados dos alunos

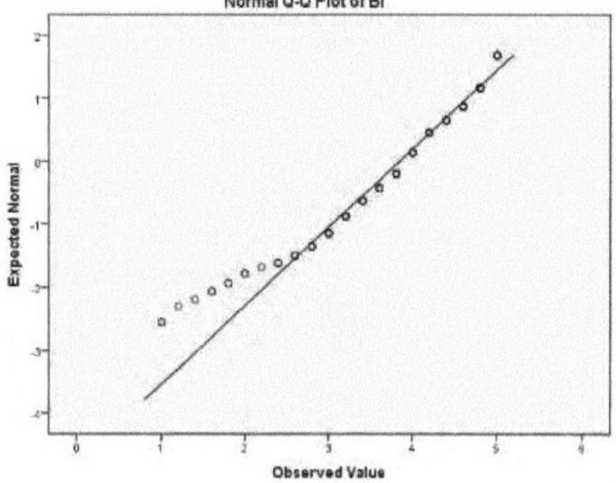

Figura 35- Gráfico normal Q-Q para a Intenção de Comportamento: Dados dos alunos

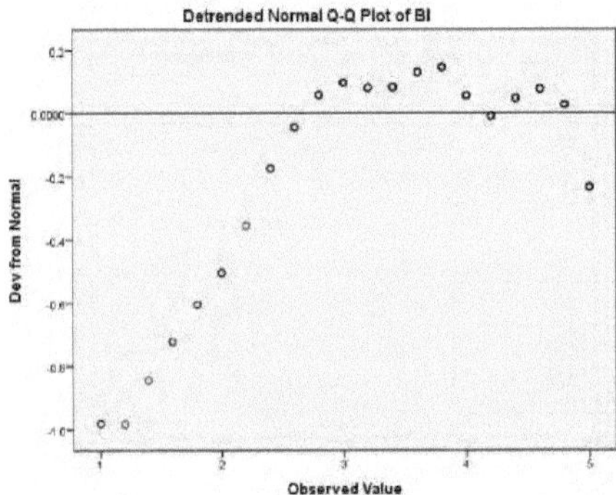

Figura 36 - Gráfico Q-Q normal com tendência para a Intenção de Comportamento: Dados dos alunos

A Tabela 16 mostra o teste de normalidade para a idade. Os valores de p de Shapiro-Wilk são 0,000 para a idade, o que é inferior a 0,05, o que indica que é aceitável assumir que a distribuição não é normal.

Testes de normalidade

	Kolmogorov-Smirnov[a]			Shapiro-Wilk		
	Estatísticas	df	Sig.	Estatísticas	Df	Sig.
1-Idade	.379	282	.000	.727	282	.000

a. Correção do significado de Lilliefors

Table 16 - Teste de normalidade para a idade: dados dos alunos

De acordo com o valor significativo, o investigador pode rejeitar a hipótese H0 e aceitar a hipótese H7. Como se pode ver na Figura 37, os histogramas, a Figura 38 mostra o gráfico Q-Q normal para os dados dos alunos, a Figura 39 mostra o gráfico Q-Q normal de tendência para os dados dos alunos e explica a distribuição dos dados. A análise da distribuição dos dados também apoia este facto.

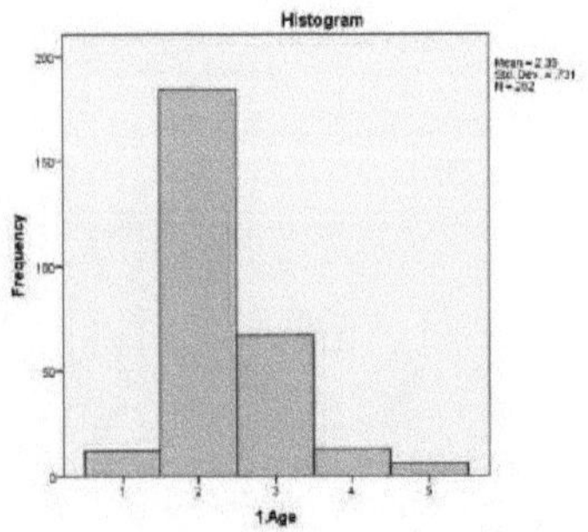

Figura 37 - Histograma para a idade: dados dos alunos

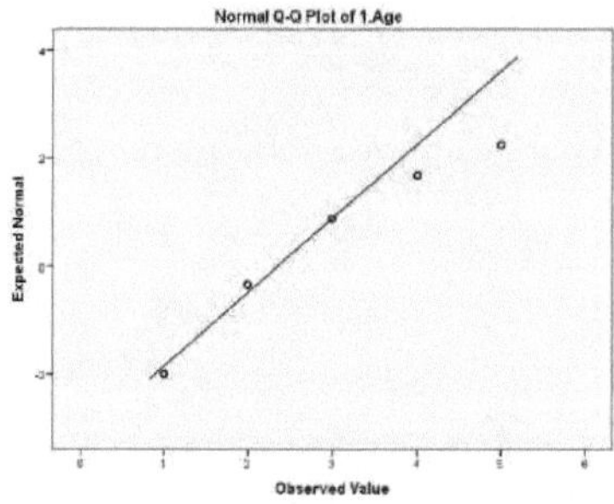

Figura 38 - Gráfico normal Q-Q para a idade: dados dos alunos

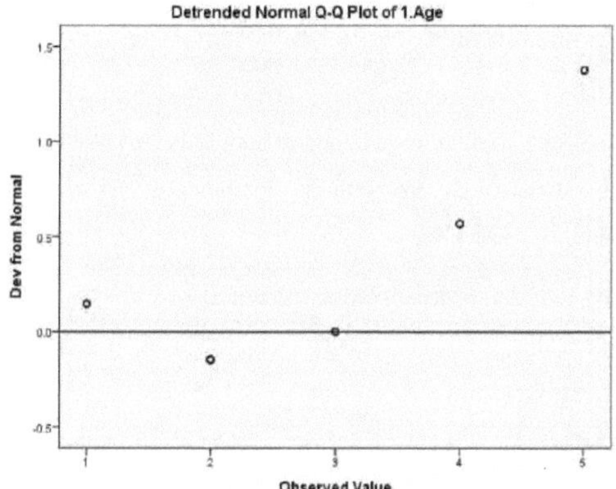

Figura 39- Gráfico Q-Q normal com tendência para a idade: dados dos alunos

4.5.2. Teste T de uma amostra para os dados dos alunos

Aplicando o teste t de uma amostra para a expetativa de desempenho, os resultados são apresentados no Quadro 17.

Estatísticas de uma amostra

	N	Média	Desvio Std. Desvio	Erro Std. Média
PE	282	3.5894	.63607	.03788

Teste de uma amostra

	Valor de teste = 0,05					
	T	df	Sig. (bicaudal)	Diferença média	Intervalo de confiança de 95% do Diferença	
					Inferior	Superior
PE	93.443	281	.000	3.53936	3.4648	3.6139

Tabela 17 - Teste t de uma amostra para a Expectativa de Desempenho: Dados dos alunos

A média para PE é 3,5894, o desvio padrão é 0,63607 e o erro padrão médio é 0,03788. A estatística do teste t de uma amostra é 93,443 e o valor p desta estatística é 0,000, o que é significativo. Por conseguinte, o investigador pode rejeitar H0 e aceitar H1. A estimativa do intervalo de confiança de 95% para a diferença entre a média populacional de PE e BI é (3,4648, 3,6139).

Table 18 apresenta os resultados do teste de Uma Amostra para a Expectativa de Esforço.

Estatísticas de uma amostra

	N	Média	Desvio Std. Desvio	Erro Std. Média
EE	282	3.8342	.75855	.04517

Teste de uma amostra

	Valor de teste = 0,05					
	T	df	Sig. (bicaudal)	Média Diferença	Intervalo de confiança de 95% da diferença	
					Inferior	Superior
EE	83.775	281	.000	3.78422	3.6953	3.8731

Tabela 18- Teste t de uma amostra para a Expectativa de Esforço: Dados dos alunos

A média para EE é 3,8342, o desvio padrão é 0,75855 e o erro padrão médio é 0,04517. A estatística do teste t de uma amostra é 83,775 e o valor p desta estatística é 0,000, o que é significativo. Por conseguinte, o investigador pode rejeitar H0 e aceitar H2. A estimativa do intervalo de confiança de 95% para a diferença entre a média populacional de EE e BI é (3,6953, 3,8731).

Table 19 apresenta os resultados do teste de Uma Amostra para Influência Social.

Estatísticas de uma amostra

	N	Média	Desvio Std. Desvio	Erro Std. Média
SI	282	3.1809	.92998	.05538

Teste de uma amostra

	Valor de teste = 0,05					
	T	df	Sig. (bicaudal)	Diferença média	Intervalo de confiança de 95% da diferença	
					Inferior	Superior
SI	56.534	281	.000	3.13085	3.0218	3.2399

Tabela 19 - Teste t de uma amostra para Influência Social: Dados dos alunos

A média para SI é 3,1809, o desvio padrão é 0,92998 e o erro padrão médio é 0,05538. A estatística do teste t de uma amostra é 56,534 e o valor p desta estatística é .000, o que é significativo.

Por conseguinte, o investigador pode rejeitar a hipótese H0 e aceitar a hipótese H3. A estimativa do intervalo de confiança a 95% para a diferença entre a média populacional de SI e BI é (3,0218, 3,2399).

Os resultados do teste de uma amostra para a Condição Facilitadora são apresentados no Quadro 20.

Estatísticas de uma amostra

	N	Média	Desvio Std. Desvio	Erro Std. Média
FC	282	3.8050	.80686	.04805

Teste de uma amostra

	Valor de teste = 0,05				
					Intervalo de confiança de 95% da

	T	df	Sig. (bicaudal)	Média	diferença	
				Diferença	Inferior	Superior
FC	78.150	281	.000	3.75496	3.6604	3.8495

Tabela 20 - Teste t de uma amostra para a Condição Facilitadora: Dados dos alunos

A média da CF é 3,8050, o desvio padrão é 0,80686 e o erro padrão médio é 0,04805. A estatística do teste t de uma amostra é 78,150 e o valor p desta estatística é 0,000, o que é significativo. Por conseguinte, o investigador pode rejeitar a hipótese H0 e aceitar a hipótese H4. A estimativa do intervalo de confiança de 95% para a diferença entre a média populacional de SI e BI é (3,6604, 3,8495).

Os resultados do teste uni-amostral para os Voluntários de Utilização são apresentados no Quadro 21.

Estatísticas de uma amostra

	N	Média	Desvio Std. Desvio	Erro Std. Média
VU	282	3.9025	.74764	.04452

Teste de uma amostra

	Valor de teste = 0,05					
	T	df	Sig. (bicaudal)	Diferença média	Intervalo de confiança de 95% da diferença	
					Inferior	Superior
VU	86.531	281	.000	3.85248	3.7648	3.9401

Tabela 21- Teste t de uma amostra para Voluntários de Utilização: Dados dos alunos

A média para VU é 3,9025, o desvio padrão é 0,74764 e o erro padrão médio é 0,04452. A estatística do teste t de uma amostra é 86,531 e o valor p desta estatística é 0,000, o que é significativo. Por conseguinte, o investigador pode rejeitar a hipótese H0 e aceitar a hipótese H4. A estimativa do intervalo de confiança de 95% para a diferença entre a média populacional de VU e BI é (3,7648, 3,9401).

Os resultados do teste de uma amostra para a Intenção de Comportamento são apresentados no Quadro 22.

Estatísticas de uma amostra

	N	Média	Desvio Std. Desvio	Erro Std. Média
BI	282	3.8362	.80176	.04774

Teste de uma amostra

	Valor de teste = 0,05					
	T	df	Sig. (bicaudal)	Diferença média	Intervalo de confiança de 95% da diferença	
					Inferior	Superior
BI	79.302	281	.000	3.78617	3.6922	3.8802

Tabela 22- Teste t de uma amostra para Intenção de Comportamento: Dados dos alunos

A média do BI é 3 8326, o desvio padrão é 0,80176 e o erro padrão da média é 0,04774. A estatística do teste t de uma amostra é 79,302 e o valor p desta estatística é 0,000, o que é significativo.

Por conseguinte, o investigador pode rejeitar a hipótese H0 e aceitar a hipótese H5. A estimativa do intervalo de confiança de 95% para a diferença entre a média populacional de BI é (3,6922, 3,8802).

Os resultados do teste de uma amostra para a idade são apresentados no Quadro 23.

Estatísticas de uma amostra

	N	Média	Desvio Std. Desvio	Erro Std. Média
1.Idade	282	2.35	.731	.044

Teste de uma amostra

	Valor de teste = 0,05					
	T	df	Sig. (bicaudal)	Diferença média	Intervalo de confiança de 95% da diferença	
					Inferior	Superior
1.Idade	52.845	281	.000	2.301	2.22	2.39

Tabela 23 - Teste t de uma amostra para a idade: Dados dos alunos

Por conseguinte, o investigador pode rejeitar a hipótese H0 e aceitar a hipótese H6. A estimativa do intervalo de confiança a 95% para a diferença entre a média populacional da Idade e do BI é (2,22, 2,39).

Os resultados do teste de uma amostra para o género são apresentados no Quadro 24.

Estatísticas de uma amostra

	N	Média	Desvio Std. Desvio	Erro Std. Média
2.Género:	282	1.49	.501	.030

Teste de uma amostra

	Valor de teste = 0,05					
	t	df	Sig. (bicaudal)	Diferença média	Intervalo de confiança de 95% do Diferença	
					Inferior	Superior
2.Género:	48.157	281	.000	1.436	1.38	1.49

Quadro 24- Teste t de uma amostra para o género: Dados dos alunos

A média para o género é 1,49, o desvio padrão é 0,501 e o erro padrão médio é 0,030. A estatística do teste t de uma amostra é 48,157 e o valor p desta estatística é 0,000, o que é significativo. Por conseguinte, o investigador pode aceitar H0 e rejeitar H7. A estimativa do intervalo de confiança de 95% para a diferença entre a média populacional de Género e BI é (1,38, 1,49).

4.5.3. Coeficiente de correlação para os dados dos alunos

O coeficiente de correlação é um número entre -1 e 1 que indica a força da relação linear entre duas variáveis. O sinal de r (+ ou -) indica a direção da relação entre X e Y. A magnitude de r (a distância a que se encontra de zero) indica a força da relação[30] O investigador selecionou o coeficiente de correlação de Spearman devido às variáveis não paramétricas que foram utilizadas no modelo de investigação.

O quadro 25 apresenta o coeficiente de correlação de Spearman entre as variáveis.

	PE	**EE**	**SI**	**FC**	**VU**	**Idade**	**Género**	**BI**
PE	**1**							
EE	0.590	**1**						
SI	0.372	0.513	**1**					

FC	0.373	0.577	0.498	1				
VU	0.503	0.532	0.391	0.617	1			
Idade	-0.044	-0.049	-0.079	0.036	-0.021	1		
Género	0.046	0.005	0.096	0.039	0.014	-0.078	1	
BI	0.472	0.544	0.473	0.551	0.660	0.045	- 0.033	1

Tabela 25- Matriz do Coeficiente de Correlação: Dados dos alunos

De acordo com a matriz do coeficiente de correlação, existe uma relação entre a Expectativa de Desempenho e a Intenção Comportamental que é de 0,472 (PE -> BI). O coeficiente de correlação entre a Intenção Comportamental e a Expectativa de Esforço é de 0,544, o que indica que existe uma relação entre a Intenção Comportamental e a Expectativa de Esforço (EE -> BI). O coeficiente de correlação entre a Intenção Comportamental e a Influência Social é de 0,544, o que indica que existe uma relação entre a Intenção Comportamental e a Influência Social (SI -> BI).

De acordo com a matriz do coeficiente de correlação, existe uma relação entre a Condição Facilitadora e a Intenção Comportamental que é de 0,039 (FC -> BI).

O valor do coeficiente de correlação para as Voluntárias de Utilização e a Intenção Comportamental de Utilização é de 0,014, o que indica que existe uma relação entre as Voluntárias de Utilização e a Intenção Comportamental de Utilização. (VU-> BI). Existe uma relação entre a idade e a intenção comportamental porque o valor do coeficiente de correlação para a idade e o índice comportamental é de 0,045. (Idade -> Intenção de Comportamento).

O valor do coeficiente de correlação para o género e a intenção comportamental de utilização é - 0,033, o que indica que não existe qualquer relação entre o género e o comportamento de utilização. (Género -> BI).

Relação	Correlação valor do coeficiente	Conclusão
PE -> BI	0.472	Relação positiva
EE -> BI	0.544	Uma relação positiva moderada
SI -> BI	0.473	Relação positiva
FC -> BI	0.551	Uma relação positiva moderada
VU-> BI	0.660	Uma relação positiva moderada
Idade -> BI	0.045	Relação positiva fraca
Género -> BI	-0.033	Relação positiva fraca

Tabela 26 - Coeficiente de Correlação Conclusão: Dados dos alunos

4.5.4. Resumo dos dados dos alunos com a hipótese

Depois de obter os resultados do teste de normalidade, o investigador utilizou o teste de uma amostra para obter o valor p da hipótese. De acordo com o valor p, o investigador decidiu se a hipótese é aceite ou não. Se o valor p for inferior a 0,05, a hipótese nula é rejeitada e a hipótese alternativa é aceite.

Hipótese	Valor de p	Aceitar ou rejeitar
Expectativa de desempenho (PE)		
Ho: Não haverá uma passagem efectiva do PE para o BI. OLÁ: Haverá uma efetivação do PE para o BI	0.000	Ho é rejeitado e aceita-se HI
Expectativa de esforço (EE)		
Ho : Não haverá uma ligação efectiva da EE à BI H2 : Haverá um efeito de EE para BI	0.000	Ho é rejeitado e aceita-se H2
Influência social (SI)		
Ho : Não haverá uma ligação efectiva entre SI e BI H3 : Haverá um efeito efetivo do SI no BI	0.000	Ho é rejeitada e aceita-se H3
Condição facilitadora (CF)		
Ho : Não haverá uma ligação efectiva entre o FC e o BI H4 : Haverá uma relação efectiva entre a CAF e o BI	0.000	Ho é rejeitado e aceita-se H4
Voluntários de Utilização (VU)		
Ho : Não haverá uma ligação efectiva entre a VU e a BI H5 : Haverá um efeito da VU para a BI	0.000	Ho é rejeitado e aceita-se H5
	Idade	
Ho : Não haverá uma idade efectiva para o BI H6 : Haverá uma idade efectiva para a BI	0.000	H0 é rejeitada e aceita-se H6
Género		
Ho : Não haverá um género efetivo para a BI H7 : Haverá um efeito do género no BI	0.056	H0 é aceite e H7 é rejeitada
Intenção comportamental (BI)		
Ho : Não haverá um BI eficaz para a aprendizagem móvel H8: Haverá uma eficácia do BI na aprendizagem móvel.	0.000	H0 é rejeitada e aceita-se H8

Tabela 27- Dados dos alunos com o resultado da hipótese

4.6 Analisar os dados dos professores

Esta secção explica as técnicas estatísticas utilizadas na análise dos dados recolhidos dos professores. Além disso, a secção apresenta os resultados obtidos.

A Tabela 28 apresenta a média, o desvio padrão, a assimetria e a curtose para cada item do questionário. Utilizando o gráfico de dados de assimetria, o investigador seria capaz de identificar as direcções do gráfico. As estatísticas de assimetria e curtose foram encontradas entre os intervalos aceitáveis, o que indica que não há desvio da normalidade dos dados.

O índice de assimetria assume o valor zero para uma distribuição simétrica. Um valor negativo indica uma distribuição negativamente enviesada e um valor positivo uma distribuição positivamente enviesada. O índice de curtose mede o grau em que o pico de uma distribuição de frequências unimodal se afasta da forma da distribuição normal; valores positivos indicam uma distribuição mais pontiaguda do que uma distribuição normal e um valor negativo uma distribuição mais plana.

O método de análise de dados consistiu em duas etapas. A primeira etapa consistiu na avaliação do modelo de medição para verificar se o modelo se ajusta bem aos dados recolhidos, com base nos resultados satisfatórios. A segunda etapa (teste das hipóteses) pode então ser efectuada.

Variável	Média	S.D.	Assimetria	Curtose
Expectativa de desempenho (PE)				
MLTPEl	1.21	0.409	1.457	0.125
MLTPE2	3.87	0.945	-0.941	1.192
MLTPE3	4.00	0.907	-1.006	1.360
MLTPE4	3.38	1.030	-0.337	-0.066
Expectativa de esforço (EE)				
MLTEE1	3.98	0.882	-0.852	1.247
MLTEE2	3.74	0.929	-0.381	0.131
MLTEE3	3.98	0.966	-0.485	-0.532
MLTEE4	3.33	1.106	-0.287	-0.276
Influência social (SI)				
MLTSI1	3.71	0.922	-0.351	0.149
MLTSI2	3.12	1.009	0.150	-0.077
MLTSI3	3.01	0.888	-0.022	0.544
Condição facilitadora (CF)				
MLTFC1	3.86	0.811	-0.243	-0.484
MLTFC2	3.51	1.047	-0.311	-0.455
MLTFC3	3.57	1.067	-0.380	-0.525
Voluntários de Utilização (VU)				

MLTVUl	3.76	1.036	-0.598	-0.024
MLTVU2	3.02	0.869	0.165	-0.208
MLTVU3	3.33	1.106	-0.287	-0.276
MLTVU4	3.86	0.811	-0.243	-0.484
Intenção comportamental				
MLTBI1	3.51	1.047	-0.311	-0.455
MLTB2	3.79	0.995	-0.536	0.184
MLTB3	3.91	0.950	-0.615	0.243

Tabela 28 - Valores da média, desvio-padrão, assimetria e curtose para os dados dos docentes

De acordo com o índice de assimetria, os dados dos docentes não se encontram numa distribuição normal e estão distribuídos de forma negativa. O índice de curtose para os valores da expetativa de desempenho é positivo, o que indica uma distribuição mais pontiaguda do que uma distribuição normal. A Figura 40 mostra o histograma para a Expectativa de Desempenho nos dados dos docentes.

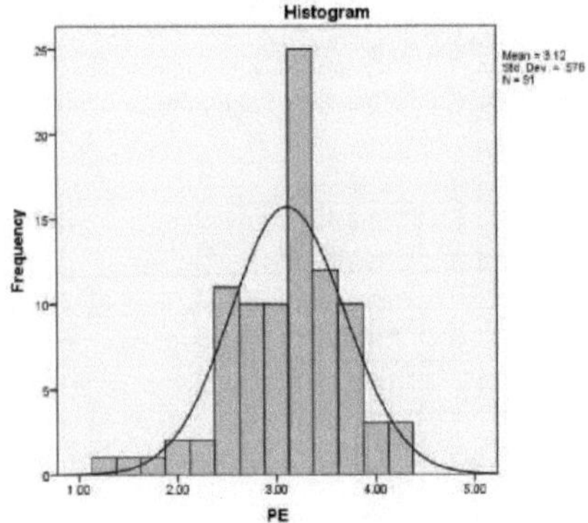

Figura 40 - Histograma da Expectativa de Desempenho: Dados dos docentes

Na Expectativa de Esforço, os valores do índice de Kurtiosis são positivos, o que indica uma distribuição mais pontiaguda do que uma distribuição normal. A Figura 41 mostra o histograma para a Expectativa de Esforço nos dados dos docentes.

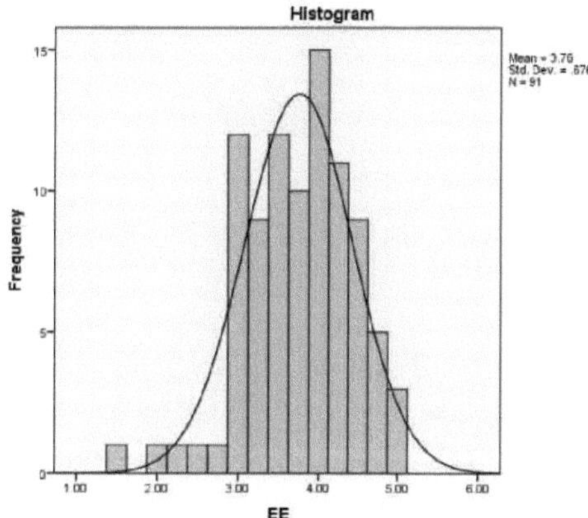

Figura 41- Histograma da Expectativa de Esforço: Dados dos professores

Os valores do índice de Kurtiosis para a Influência social são positivos, o que indica uma distribuição mais pontiaguda do que uma distribuição normal. A Figura 42 mostra

histograma para a Influência Social nos dados dos docentes.

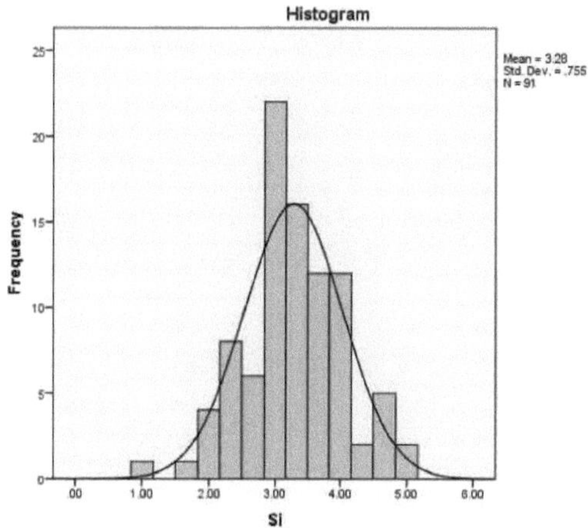

Figura 42 - Histograma da influência social: Dados dos professores

Os valores do índice de Kurtiosis para a Condição Facilitadora são negativos, o que indica que os dados têm uma distribuição mais plana. A Figura 43 mostra o histograma da Condição Facilitadora nos dados dos docentes.

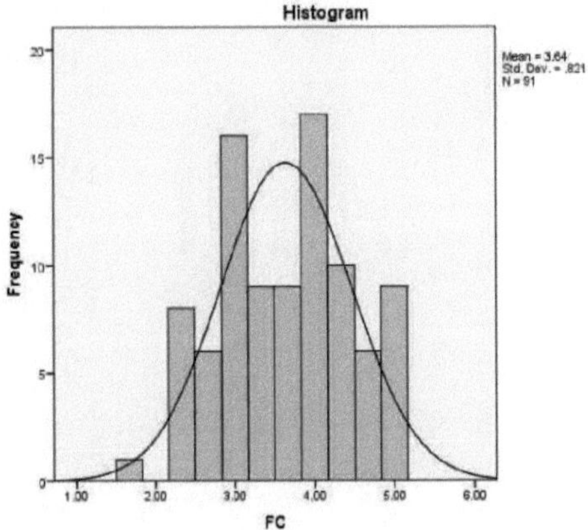

Figura 43 - Histograma para a condição facilitadora: Dados dos docentes

O valor do índice de Kurtiosis para o voluntariado de utilização é negativo, o que indica uma distribuição mais plana. A Figura 44 mostra o histograma para os dados relativos aos Voluntários de Utilização dos docentes.

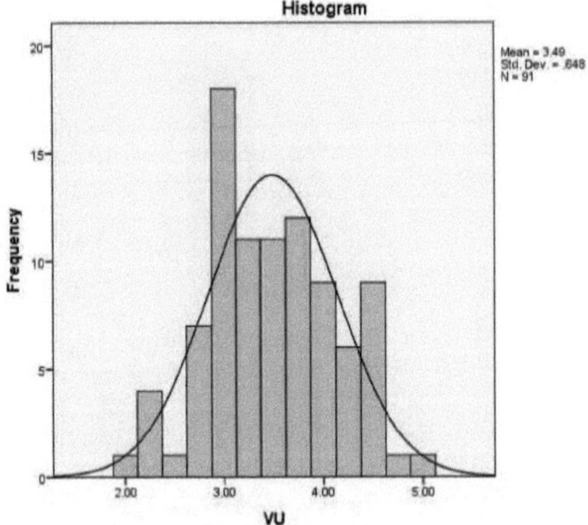

Figura 44 - Histograma para Voluntários de Utilização: dados dos docentes

O valor do índice de Kurtiosis para a intenção comportamental de utilização é positivo, o que indica que a distribuição é mais pontiaguda do que uma distribuição normal. A Figura 45 mostra o histograma da intenção comportamental nos dados dos docentes.

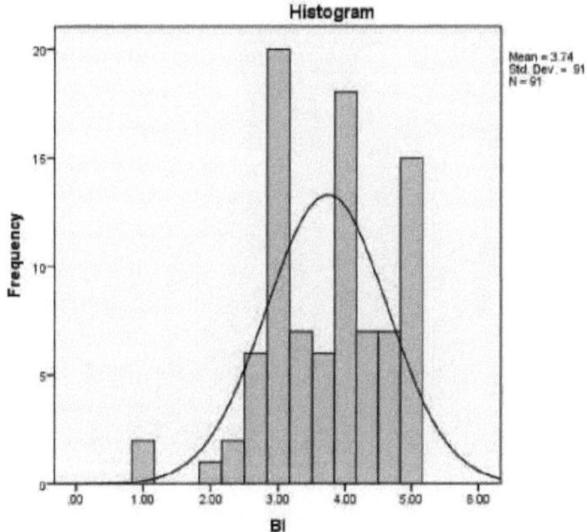

Figura 45- Histograma da intenção comportamental: Dados dos professores

4.6.1. Teste de normalidade - Dados dos docentes

A Tabela 29 mostra o teste de normalidade da Expectativa de Desempenho para os dados dos docentes.

Testes de normalidade

	Kolmogorov-Smirnov[a]			Shapiro-Wilk		
	Estatísticas	df	Sig.	Estatísticas	Df	Sig.
PE	.175	91	.000	.954	91	.003

a. Correção do significado de Lilliefors

Table 29 - Teste de normalidade para a expetativa de desempenho: Dados dos professores

O valor p do teste de Shapiro-Wilk é 0,003, que é inferior a 0,05, o que indica que é aceitável assumir que a distribuição não é normal. De acordo com o valor significativo, o investigador pode rejeitar H0 e aceitar H1 porque o teste é significativo. Como se pode ver na Figura 46, os histogramas, a Figura 47 mostra o gráfico Q-Q normal para os dados dos leitores, a Figura 48 mostra o gráfico Q-Q normal de tendência para os dados dos leitores e explica como os dados se distribuem. A análise da distribuição dos dados também confirma este facto.

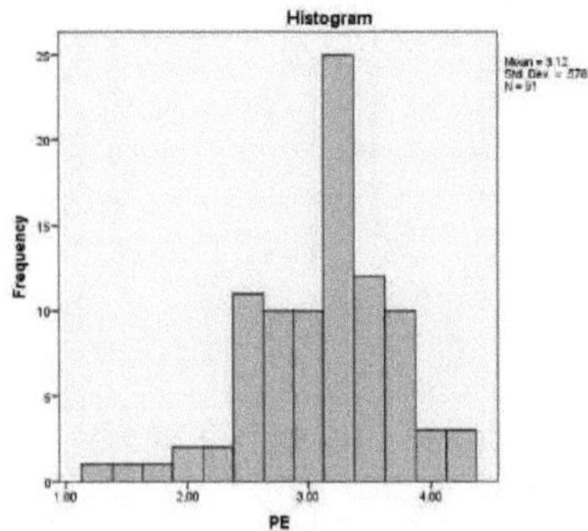

Figura 46 - Expectativa de desempenho: Dados dos docentes

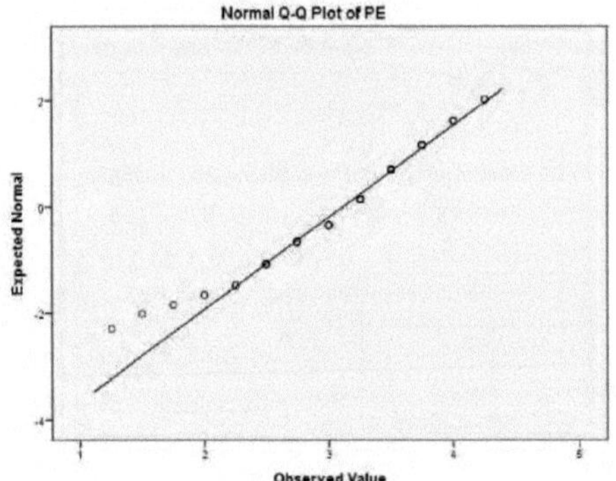

Figura 47 - Gráfico Q-Q normal para a Expectativa de Desempenho: Dados dos professores

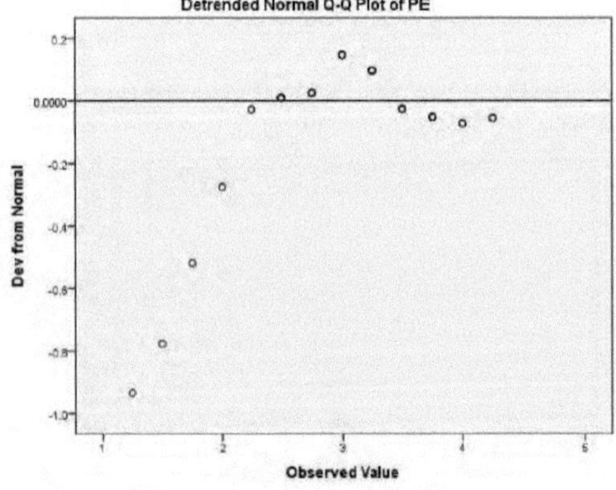

Figura 48 - Gráfico Q-Q normal com tendência para a Expectativa de Desempenho: Dados dos professores

A Tabela 30 mostra o teste de normalidade da Expectativa de Esforço para os dados dos docentes.

Testes de normalidade

	Kolmogorov-Smimov[a]			Shapiro-Wilk		
	Estatísticas	Df	Sig.	Estatísticas	Df	Sig.
EE	.114	91	.005	.965	91	.015

a. Correção de significância de Lilliefors

Table 30 - Teste de normalidade para a Expectativa de Esforço: Dados dos professores

O valor p do teste de Shapiro-Wilk é 0,015, que é inferior a 0,05, o que indica que é aceitável assumir que a distribuição não é normal. De acordo com o valor significativo, o investigador pode rejeitar H0 e aceitar H2 porque o teste é significativo. Como se pode ver na Figura 49, os histogramas, a Figura 50 mostra o gráfico Q-Q normal para os dados dos leitores, a Figura 51 mostra o gráfico Q-Q normal de tendência para os dados dos leitores e explica como os dados se distribuem. A análise da distribuição dos dados também corrobora este facto.

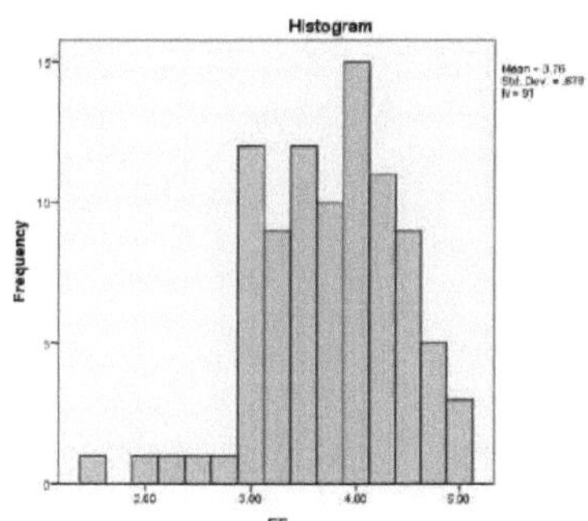

Figura 49- Histograma da Expectativa de Esforço: Dados dos professores

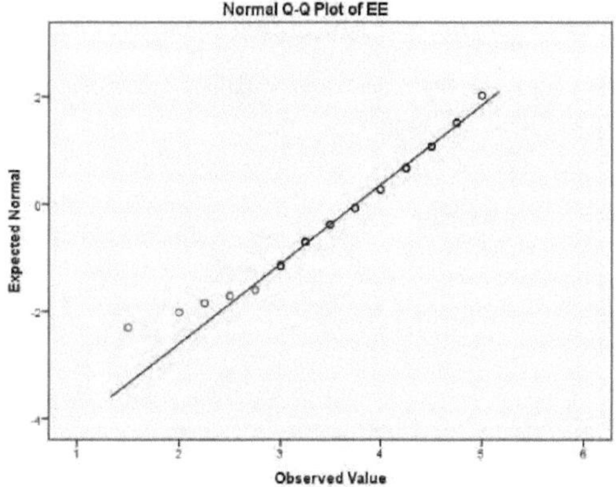

Figura 50- Gráfico Q-Q normal para a Expectativa de Esforço: Dados dos professores

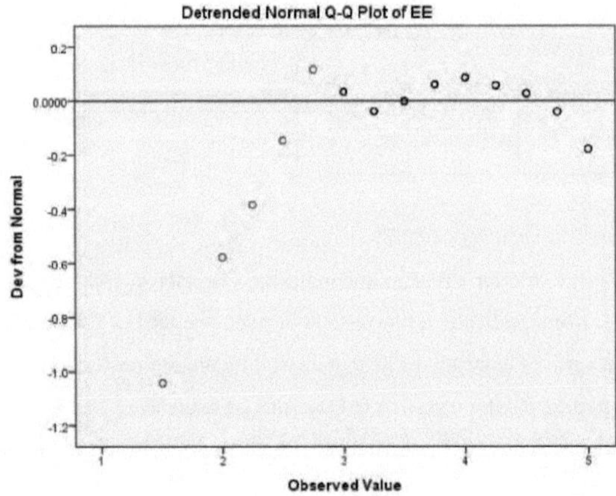

Figura 51- Gráfico Q-Q normal com tendência para a Expectativa de Esforço: Dados dos professores

A Tabela 31 mostra o teste de normalidade para a Influência social. Os valores de p de Shapiro-Wilk são 0,051 para a Influência social, o que é superior a 0,05, o que indica que é aceitável assumir que a distribuição é normal.

Testes de normalidade

	Kolmogorov-Smirnov[a]			Shapiro-Wilk		
	Estatísticas	Df	Sig.	Estatísticas	Df	Sig.
Si	.135	91	.000	.972	91	.051

a. Correção de significância de Lilliefors

Table 31 Teste de normalidade para a influência social: Dados dos professores

De acordo com o valor significativo, o investigador pode aceitar a hipótese H0 e rejeitar a hipótese H3. Como se pode ver na Figura 52, os histogramas, a Figura 53 mostra o gráfico Q-Q normal para os dados dos alunos, a Figura 54 mostra o gráfico Q-Q normal de tendência para os dados dos alunos e explica a distribuição dos dados. A análise da distribuição dos dados também corrobora este facto

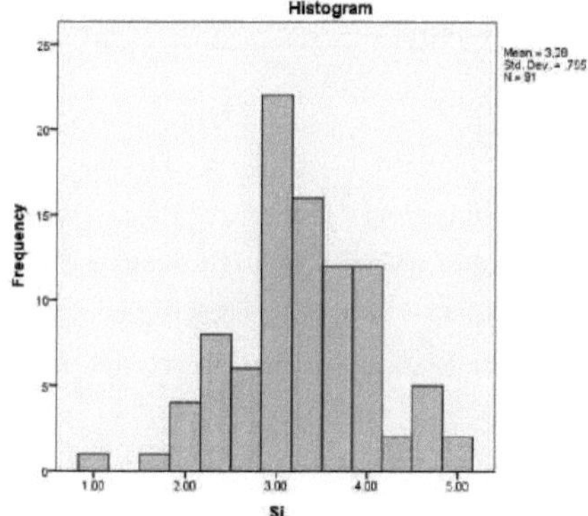

Figura 52 - Histograma da influência social: Dados dos professores

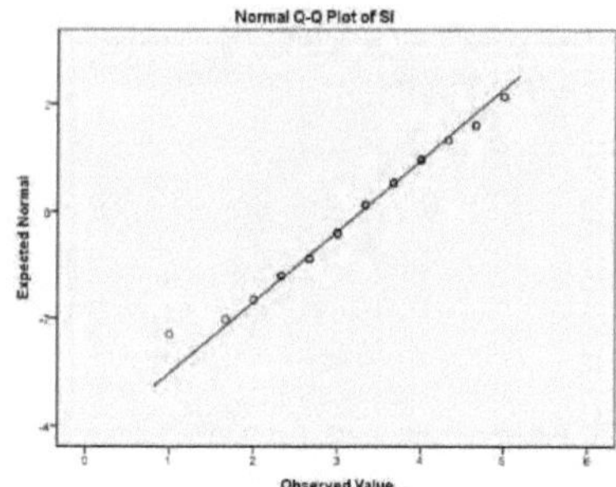

Figura 53 - Gráfico normal Q-Q para a Influência Social: Dados dos professores

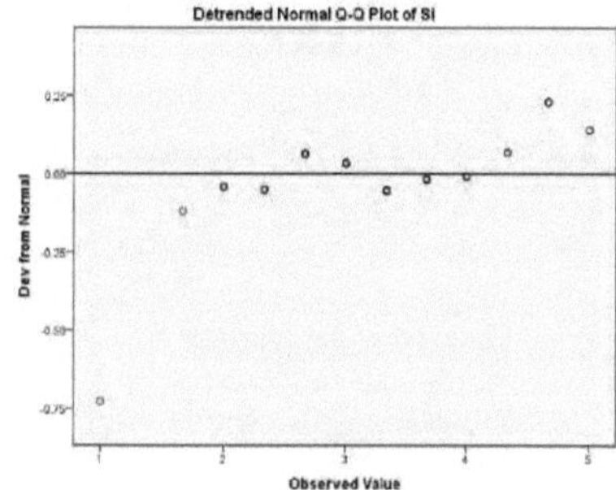

Figura 54 - Gráfico Q-Q normal com tendência para a influência social: Dados dos professores

O teste de normalidade para a condição facilitadora é apresentado no Quadro 32.

Testes de normalidade

	Kolmogorov-Smirnov[a]			Shapiro-Wilk		
	Estatísticas	df	Sig.	Estatísticas	Df	Sig.

FC	.129	91	.001	.957	91	.004

a. Correção do significado de Lilliefors

Tabela 32 - Teste de normalidade para a condição facilitadora: Dados dos docentes

O valor p do teste de Shapiro-Wilk é 0,004, que é inferior a 0,05, o que indica que é aceitável assumir que a distribuição não é normal. De acordo com o valor significativo, o investigador pode rejeitar H0 e aceitar H4 porque o teste é significativo. Como se pode ver na Figura 55, os histogramas, a Figura 56 mostra o gráfico Q-Q normal para os dados dos leitores, a Figura 57 mostra o gráfico Q-Q normal de tendência para os dados dos leitores e explica como os dados se distribuem. A análise da distribuição dos dados também corrobora este facto.

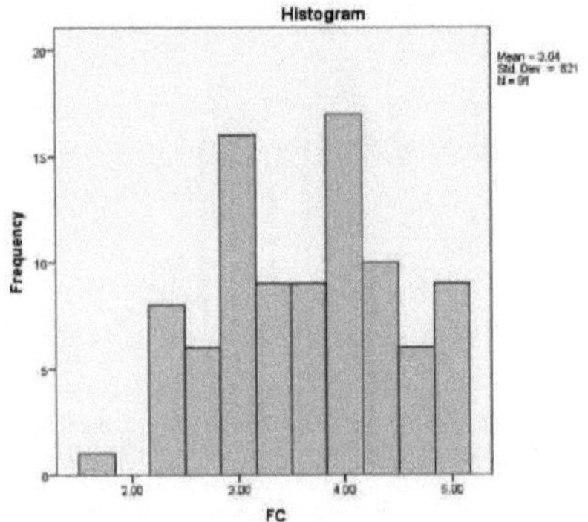

Figura 55 -Histograma para a condição facilitadora: Dados dos docentes

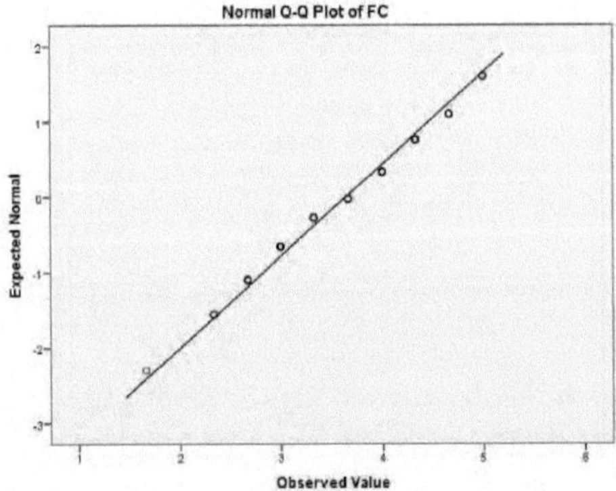

Figura 56 - Gráfico normal Q-Q para a condição facilitadora: Dados dos docentes

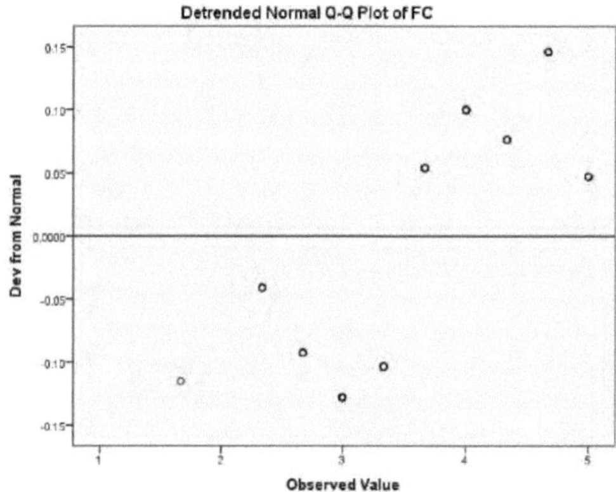

Figura 57- Gráfico Q-Q normal com tendência para a condição de facilitador: Dados dos professores

O teste de normalidade para os Voluntários de Utilização é apresentado no Quadro 33.

Testes de normalidade

	Kolmogorov-Smirnov[a]			Shapiro-Wilk		
	Estatísticas	df	Sig.	Estatísticas	Df	Sig.
VU	.117	91	.004	.972	91	.043

a. Correção do significado de Lilliefors

Tabela 33 - Teste de Normalidade para os Voluntaries of Use: Dados dos docentes

O valor p do teste de Shapiro-Wilk é 0,043, que é inferior a 0,05, o que indica que é aceitável assumir que a distribuição não é normal. De acordo com o valor significativo, o investigador pode rejeitar H0 e aceitar H5 porque o teste é significativo. Como se pode ver na Figura 58, os histogramas, a Figura 59 mostra o gráfico Q-Q normal para os dados dos leitores, a Figura 60 mostra o gráfico Q-Q normal de tendência para os dados dos leitores e explica como os dados se distribuem. A análise da distribuição dos dados também corrobora este facto.

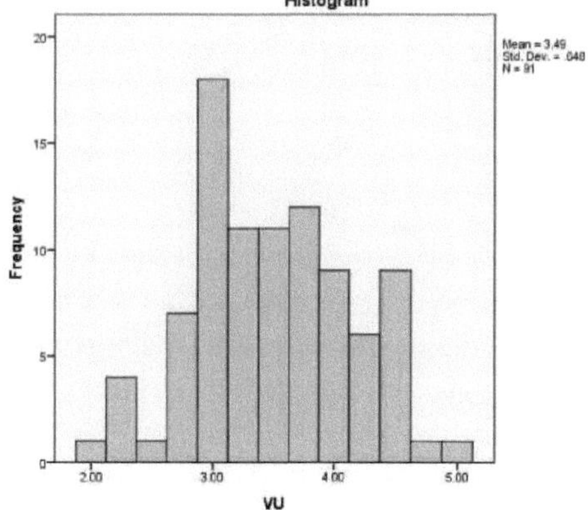

Figura 58 - Histograma para Voluntários de Utilização: Dados dos docentes

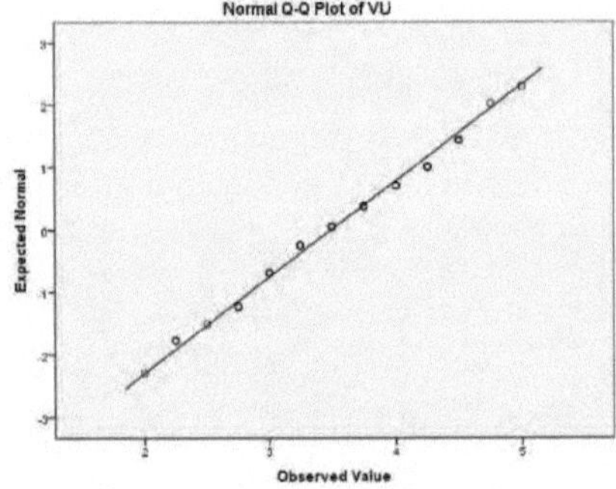

Figura 59 - Gráfico Q-Q normal para Voluntários de Utilização: dados dos docentes

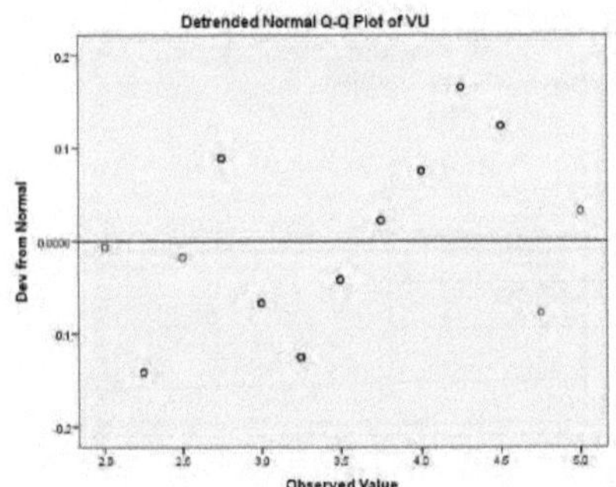

Figura 60 - Gráfico Q-Q normal com tendência para Voluntaries of Use: dados dos docentes

Os valores de p do Shapiro-Wilk são 0,000 para a Intenção de Comportamento, o que é inferior a 0,05, o que indica que é aceitável assumir que a distribuição não é normal. A Tabela 34 mostra o teste de normalidade para a Intenção de Comportamento.

Testes de normalidade

	Kolmogorov-Smirnov[a]			Shapiro-Wilk		
	Estatísticas	df	Sig.	Estatísticas	Df	Sig.
BI	.131	91	.001	.930	91	.000

a. Correção do significado de Lilliefors

Tabela 34 - Teste de normalidade para a intenção comportamental de usar: Dados dos docentes

De acordo com o valor significativo, o investigador pode rejeitar a hipótese H0 e aceitar a hipótese H6. Como mostra a Figura 61, os histogramas, a Figura 62 mostra o gráfico Q-Q normal para os dados dos alunos, a Figura 63 mostra o gráfico Q-Q normal de tendência para os dados dos alunos e explica a distribuição dos dados. A análise da distribuição dos dados também apoia este facto.

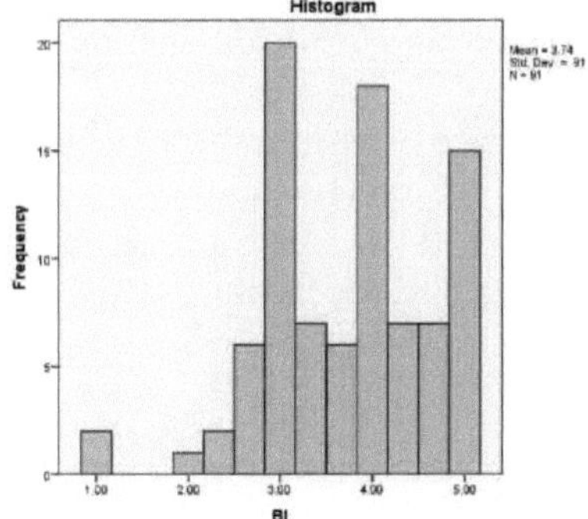

Figura 61- Histograma para a Intenção Comportamental: Dados dos docentes

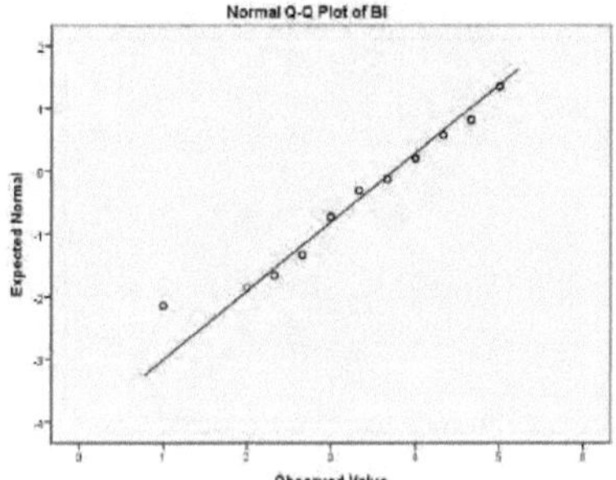

Figura 62 - Gráfico normal Q-Q para a Intenção de Comportamento: Dados dos professores

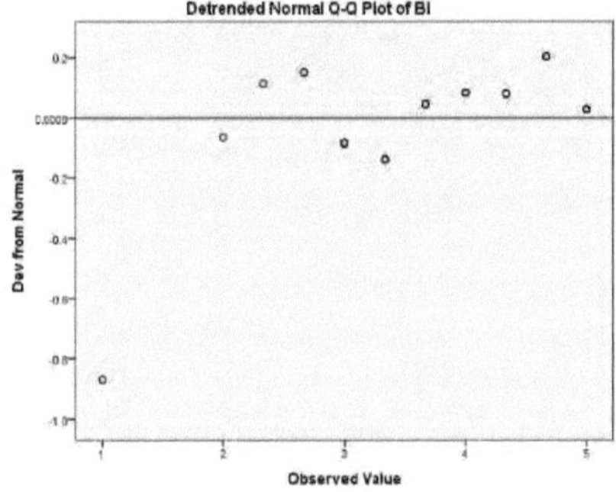

Figura 63- Gráfico Q-Q normal de tendência: Dados dos professores

O teste de normalidade para a experiência do professor é apresentado a seguir.

Testes de normalidade

	Kolmogorov-Smirnov[a]			Shapiro-Wilk		
	Estatísticas	df	Sig.	Estatísticas	Df	Sig.
MLTEXP	.232	91	.000	.871	91	.000

a. Correção do significado de Lilliefors

Tabela 35 - Teste de normalidade para a experiência dos docentes

De acordo com o valor significativo, o investigador pode rejeitar a hipótese H0 e aceitar a hipótese H7. Como se pode ver na Figura 64, os histogramas, a Figura 65 mostra o gráfico Q-Q normal para os dados dos alunos, a Figura 66 mostra o gráfico Q-Q normal de tendência para os dados dos alunos e explica a distribuição dos dados. A análise da distribuição dos dados também corrobora este facto

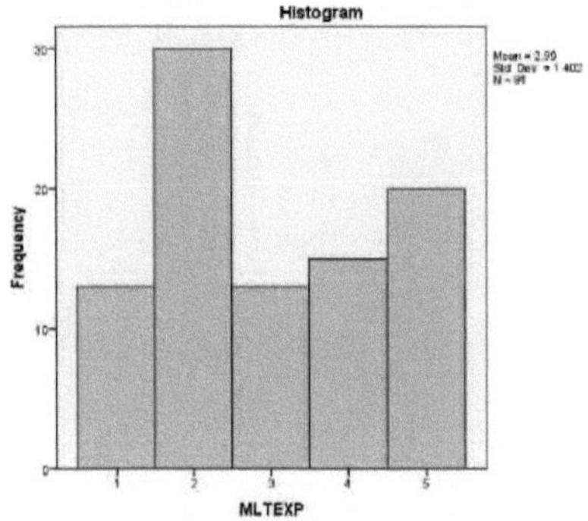

Figura 64 - Histograma da experiência dos docentes

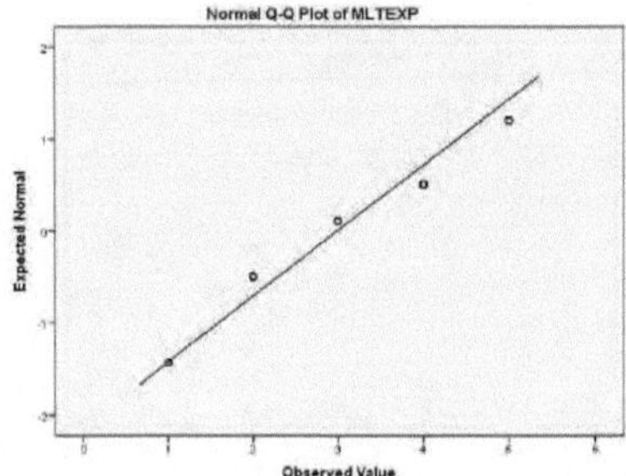

Figura 65- Gráfico Q-Q normal para a experiência dos docentes

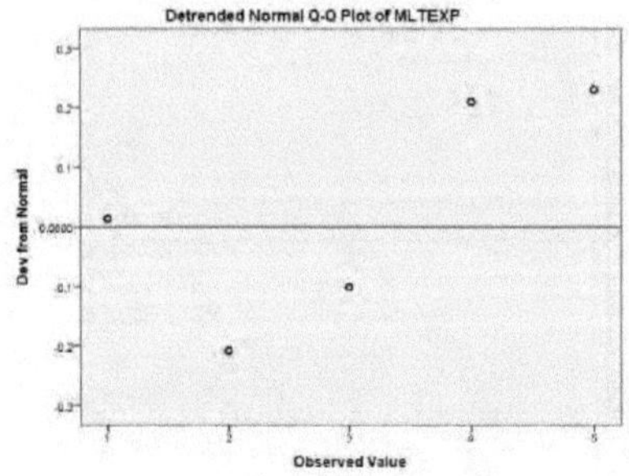

Figura 66 - Gráfico Q-Q normal com tendência para a experiência dos docentes

4.6.2 Teste t de uma amostra para os dados dos leitores

Aplicando o teste t de uma amostra para a expetativa de desempenho, os resultados são apresentados na Tabela 36.

Estatísticas de uma amostra

	N	Média	Desvio Std. Desvio	Erro Std. Média
PE	91	3.1154	.57772	.06056

Teste de uma amostra

	Valor de teste = 0,05					
	t	df	Sig. (bicaudal)	Média Diferença	Intervalo de confiança de 95% do Diferença	
					Inferior	Superior
PE	50.616	90	.000	3.06538	2.9451	3.1857

Tabela 36 - Teste t de uma amostra para a Expectativa de Desempenho: Dados dos docentes

A média para PE é 3,1154, o desvio padrão é 0,57772 e o erro padrão médio é 0,06056. A estatística do teste t de uma amostra é 50,616 e o valor p desta estatística é 0,000, o que é significativo. Por conseguinte, o investigador pode rejeitar H0 e aceitar H1. A estimativa do intervalo de confiança de 95% para a diferença entre a média populacional de PE e BI é (2,9451, 3,1857).

Table 37 apresenta os resultados do teste de uma amostra para a Expectativa de Esforço.

Estatísticas de uma amostra

	N	Média	Desvio Std. Desvio	Erro Std. Média
EE	91	3.7555	.67595	.07086

Teste de uma amostra

	Valor de teste = 0,05					
	t	df	Sig. (bicaudal)	Diferença média	Intervalo de confiança de 95% da diferença	
					Inferior	Superior
EE	52.294	90	.000	3.70549	3.5647	3.8463

Tabela 37- Teste t de uma amostra para a Expectativa de Esforço: Dados dos professores

A média para EE é 3,7555, o desvio padrão é 0,67595 e o erro padrão médio é 0,07086. A estatística do teste t de uma amostra é 52,294 e o valor p desta estatística é 0,000, o que é significativo. Por conseguinte, o investigador pode rejeitar H0 e aceitar H2. A estimativa do intervalo de confiança de 95% para a diferença entre a média populacional de EE e BI é (3,5647, 3,8463).

Table 38 apresenta os resultados do teste de uma amostra para a influência social.

Estatísticas de uma amostra

	N	Média	Desvio Std. Desvio	Erro Std. Média
Si	91	3.2821	.75510	.07916

Teste de uma amostra

	Valor de teste = 0,05				
					Intervalo de confiança de 95% da

	t	df	Sig. (bicaudal)	Diferença média	diferença	
					Inferior	Superior
Si	40.831	90	.000	3.23205	3.0748	3.3893

Tabela 38 - Teste t de uma amostra para a influência social: Dados dos docentes

A média para SI é 3,2821, o desvio padrão é 0,75510 e o erro padrão médio é 0,07916. A estatística do teste t de uma amostra é 40,831 e o valor p desta estatística é 0,000, o que é significativo. Por conseguinte, o investigador pode rejeitar H0 e aceitar H3. A estimativa do intervalo de confiança de 95% para a diferença entre a média populacional de EE e BI é (3,0748, 3,3893).

Table 39 apresenta os resultados do teste de uma amostra para a condição facilitadora.

Estatísticas de uma amostra

	N	Média	Desvio Std. Desvio	Erro Std. Média
FC	91	3.6447	.82072	.08604

Teste de uma amostra

	Valor de teste = 0,05					
	t	df	Sig. (bicaudal)	Diferença média	Intervalo de confiança de 95% da diferença	
					Inferior	Superior
FC	41.782	90	.000	3.59469	3.4238	3.7656

Tabela 39- Teste t de uma amostra para a condição facilitadora: Dados dos professores

A média da CF é 3,6447, o desvio padrão é 0,82072 e o erro padrão médio é 0,08604. A estatística do teste t de uma amostra é 41,782 e o valor p desta estatística é .000, o que é significativo.

Por conseguinte, o investigador pode rejeitar a hipótese H0 e aceitar a hipótese H4. O intervalo de confiança de 95% estimado para a diferença entre a média populacional de CF e BI é (3,4238, 3,7656)

Table 40 apresenta os resultados do teste de Amostra Única para os Voluntaries of Use.

Estatísticas de uma amostra

	N	Média	Desvio Std. Desvio	Erro Std. Média
VU	91	3.4918	.64813	.06794

Teste de uma amostra

	Valor de teste = 0,05					
	t	df	Sig. (bicaudal)	Diferença média	Intervalo de confiança de 95% da diferença	
					Inferior	Superior
VU	50.657	90	.000	3.44176	3.3068	3.5767

Tabela 40 - Teste t de uma amostra para Voluntários de Utilização: dados dos docentes

A média para VU é 3,4918, o desvio padrão é 0,64813 e o erro padrão médio é 0,06794. A estatística do teste t de uma amostra é 50,657 e o valor p desta estatística é 0,000, o que é significativo. Por conseguinte, o investigador pode rejeitar a hipótese H0 e aceitar a hipótese H4. A estimativa do intervalo de confiança de 95% para a diferença entre a média populacional de VU e BI é (3,3068, 3,5767).

Table 41 apresenta os resultados do teste One-Sample para a Intenção Comportamental.

Estatísticas de uma amostra

	N	Média	Desvio Std. Desvio	Erro Std. Média
BI	91	3.7363	.91018	.09541

Teste de uma amostra

	Valor de teste = 0,05					
	t	Df	Sig. (bicaudal)	Diferença média	Intervalo de confiança de 95% do Diferença	
					Inferior	Superior
BI	38.635	90	.000	3.68626	3.4967	3.8758

Quadro 41 - Teste t de uma amostra para a intenção comportamental de utilização: dados dos docentes

A média do BI é 3,7363, o desvio padrão é 0,91018 e o erro padrão da média é 0,09541. A estatística do teste t de uma amostra é 38,635 e o valor p desta estatística é 0,000, o que é significativo. Por conseguinte, o investigador pode rejeitar a hipótese H0 e aceitar a hipótese H5. A estimativa do intervalo de confiança de 95% para a diferença entre a média populacional do BI é (3,4967, 3,8758).

Table 42 apresenta os resultados do teste de uma amostra para a experiência dos docentes.

Estatísticas de uma amostra

	N	Média	Desvio Std. Desvio	Erro Std. Média
MLTEXP	91	2.99	1.402	.147

Teste de uma amostra

	Valor de teste = 0,05					
	T	df	Sig. (bicaudal)	Diferença média	Intervalo de confiança de 95% da diferença	
					Inferior	Superior
MLTEXP	19.993	90	.06	2.939	2.65	3.23

Tabela 42- Teste t de uma amostra para a experiência dos docentes

A média da experiência do professor é 2,99, o desvio padrão é 1,402 e o erro padrão médio é 0,147. A estatística do teste t de uma amostra é 19,003 e o valor p desta estatística é 0,000, o que é significativo. Por conseguinte, o investigador pode aceitar H0 e rejeitar H6. A estimativa do intervalo de confiança de 95% para a diferença entre a média populacional da experiência dos docentes e do BI é (2,65, 3,23).

Table 43 Coeficiente de relação para os dados dos docentes

O coeficiente de correlação é um número entre -1 e 1 que indica a força da relação linear entre duas variáveis. O sinal de r (+ ou -) indica a direção da relação entre X e Y. A magnitude de r (a distância a que se encontra de zero) indica a força da relação. [30] O investigador selecionou o coeficiente de correlação de Spearman devido às variáveis não paramétricas que foram utilizadas no modelo de investigação.

Table 43 apresenta o coeficiente de correlação de spearman entre as variáveis.

	PE	**EE**	**SI**	**FC**	**VU**	**EXP**	**Género**	**BI**
PE	1							**0.573**
EE	0.690	1						**0.643**

SI	0.542	0.619	**1**					**0.577**
FC	0.528	0.624	0.626	**1**				**0.663**
VU	0.671	0.785	0.684	0.730	**1**			**0.875**
EXP	-0.018	-0.011	0.007	-0.085	-0.055	**1**		**-0.149**
BI	0.573	0.643	0.577	0.663	0.875	-0.149	-0.068	**1**

Tabela 43 - Matriz do Coeficiente de Correlação: Dados dos docentes

De acordo com a matriz do coeficiente de correlação, existe uma relação entre a Expectativa de Desempenho e a Intenção Comportamental que é de 0,573 (PE -> BI). O coeficiente de correlação entre a Intenção Comportamental e a Expectativa de Esforço é de 0,643, o que indica que existe uma relação entre a Intenção Comportamental e a Expectativa de Esforço (EE -> BI).).

O coeficiente de correlação para a Intenção Comportamental e a Influência Social é de 0,577, o que indica que existe uma relação entre a Intenção Comportamental e a Influência Social (SI -> BI).

De acordo com a matriz do coeficiente de correlação, existe uma relação entre a Condição Facilitadora e a Intenção Comportamental que é de 0,875 (FC -> BI).

O valor do coeficiente de correlação para as Voluntárias de Utilização e a Intenção Comportamental de Utilização é de 0,663, o que indica que existe uma relação entre as Voluntárias de Utilização e a Intenção Comportamental de Utilização. (VU-> BI). Não existe relação entre a idade e a intenção comportamental porque o valor do coeficiente de correlação para a experiência dos docentes e o índice comportamental é de -0,068 (EXP -> Intenção comportamental).

O quadro 44 apresenta o resumo do coeficiente de correlação para os dados dos docentes.

Relacionamento	Correlação valor do coeficiente	Conclusão
PE -> BI	0.573	Uma relação positiva moderada
EE -> BI	0.643	Uma relação positiva moderada
SI -> BI	0.577	Uma relação positiva moderada
FC -> BI	0.663	Uma relação positiva moderada
VU-> BI	0.875	Uma forte relação positiva
Conferências Experiência -> BI	-0.149	Relação negativa

Table 44 - Resumo do coeficiente de correlação para os dados dos leitores

4.6.4 Resumir os resultados dos dados dos conferencistas com a hipótese

Depois de obter os resultados do teste de normalidade, o investigador utilizou o teste de uma amostra para obter o valor p da hipótese.

De acordo com o valor P, o investigador decide se a hipótese é aceite ou não. Se o valor p for inferior a 0,05, a hipótese nula é rejeitada e a hipótese alternativa é aceite.

Hipótese	Valor de p	Aceitar ou rejeitar
Expectativa de desempenho (PE)		
Ho: Não haverá uma passagem efectiva do PE para o BI. Olá: Haverá uma efetivação do PE para o BI	0.000	H0 é rejeitada e aceita-se Hi
Expectativa de esforço (EE)		
Ho : Não haverá uma ligação efectiva da EE à BI H2 : Haverá um efeito de EE para BI	0.000	Ho é rejeitado e aceita-se H2
Influência social (SI)		
Ho : Não haverá uma ligação efectiva entre SI e BI H3 : Haverá um efeito efetivo do SI no BI	0.000	Ho é rejeitada e aceita-se H3
Condição facilitadora (CF)		
Ho : Não haverá uma ligação efectiva entre o FC e o BI H4 : Haverá uma relação efectiva entre a CAF e o BI	0.000	Ho é rejeitado e aceita-se H4
Voluntários de Utilização (VU)		
Ho : Não haverá uma ligação efectiva entre a VU e a BI H5 : Haverá um efeito da VU para a BI	0.000	Ho é rejeitado e aceita-se H5
Experiência do professor		
Ho : Não haverá um efeito na experiência do docente em relação ao BI H6 : A experiência do docente em relação ao BI será eficaz	0.06	Ho é aceite e rejeitada H6
Intenção comportamental (BI)		
Ho : Não haverá um BI eficaz para a aprendizagem móvel H8: Haverá um efeito efetivo do BI na aprendizagem móvel.	0.000	Ho é rejeitado e aceita-se H8

Tabela 45 - Dados resumidos dos docentes com os resultados das hipóteses

Depois de verificar as hipóteses e as correlações dos dados dos estudantes e dos professores, algumas das variáveis foram retiradas do quadro concetual e outras variáveis foram consideradas para o quadro concetual.

O quadro 46 apresenta os resultados do teste do modelo, incluindo o valor do coeficiente de correlação, o valor do rácio crítico e o valor p.

Relacionamento	Coeficiente de regressão normalizado	Rácio crítico ou valor t	Valor de p	Significado
Educação Física dos alunos -> BI	0.504	9.758	0.000	Sim
EE dos alunos -> BI	0.559	11.283	0.000	Sim
SI dos alunos -> BI	0.490	9.147	0.000	Sim
FC dos estudantes ->	0.626	13.444	0.000	Sim

BI				
VU dos estudantes -> BI	0.739	18.345	0.000	Sim
Idade dos alunos - > BI	0.028	0.469	0.031	Sim
Estudantes Género -> BI	-0.033	-0.881	0.056	Não
PE dos professores -> BI	0.661	8.304	0.000	Sim
EE dos professores -> BI	0.705	9.383	0.000	Sim
SI dos docentes -> BI	0.490	9.417	0.000	Sim
FC dos docentes -> BI	0.626	13.444	0.000	Sim
VU dos docentes - > BI	0.739	18.345	0.000	Sim
Experiência dos professores -> BI	-0.072	-0.680	0.498	Não

Quadro 46- Resultados incluindo o valor do coeficiente de correlação, o rácio crítico e o valor P

4.6.6 Teste de Kruskal Wallis Discussão

Seguem-se os resultados do teste ANOVA para a Intenção de Comportamento e o efeito dos factores na Intenção de Comportamento. Neste caso, as hipóteses nula e alternativa são as seguintes

H0: Não há efeito da Expectativa de Desempenho sobre a Intenção Comportamental.

H1: Há efeito da Expectativa de Desempenho sobre a Intenção Comportamental.

Com base nos resultados, o valor de p de todas as associações obtidas é inferior a 0,05, exceto a experiência dos docentes e a idade dos estudantes. Por conseguinte, a hipótese nula é rejeitada e a hipótese alternativa é aceite.

4.6.7 Discussão sobre o teste de fiabilidade

De acordo com esta análise, para que os dados se tornem mais fiáveis, o valor do alfa de Cronbach deve ser superior a 0,6. Valores próximos de 0,8 são considerados muito bons. Para todos os factores de m-learning recolhidos junto de estudantes e professores, o valor alfa obtido é de 0,876. Isso significa que a estabilidade, a fiabilidade e a consistência dos itens entre esses factores são muito elevadas.

4.7 Resultados recolhidos nas sessões de entrevista

O objetivo da sessão de entrevistas era explorar os obstáculos que poderiam surgir na implementação da aprendizagem móvel e incentivar os participantes a sugerir outros factores que acrescentassem valor às ferramentas de aplicações móveis de aprendizagem móvel. Estas entrevistas foram realizadas entre professores e estudantes.

4.7.1 Os obstáculos mais identificados pelos alunos

- Disponibilidade de dispositivos móveis adequados com ligação à Internet
- Questões de usabilidade: O sistema de aprendizagem móvel tem de ser fácil de navegar e de fazer o seu trabalho.
- Satisfazer as necessidades dos utilizadores: Os sistemas de aprendizagem móvel devem ser adaptados às necessidades dos estudantes e dos professores.
- Percepções dos professores.
- Problemas de compatibilidade: Os estudantes indicam que os dispositivos móveis têm sistemas operativos diferentes. Por conseguinte, a maioria das aplicações de aprendizagem móvel não é compatível com os diferentes dispositivos.
- Disponibilidade de conteúdos de aprendizagem adequados: os conteúdos dos módulos devem estar disponíveis para os alunos sempre que estes pretendam descarregá-los.
- Sistema M-Learning atualizado: O sistema deve estar atualizado com as mudanças tecnológicas.

4.7.2 Os obstáculos mais identificados pelos docentes

- Falta de formação: Falta de formação e quantidade insuficiente de orientações para uma utilização óptima dos sistemas.
- Disponibilidade de infra-estruturas técnicas.
- Utilização da perceção dos docentes.
- Satisfazer as necessidades dos utilizadores: Os sistemas de aprendizagem móvel devem corresponder às necessidades dos professores.
- Compatibilidade entre dispositivos móveis/ problemas de software e hardware.
- Disponibilidade de recursos didácticos de elevada qualidade.

4.7.3 Preocupações e recomendações dos estudantes e dos docentes

- Falta de tempo do pessoal para compreender como integrar novas tecnologias como o m- Learning: É melhor realizar uma sessão de formação sobre este assunto.
- A aprendizagem móvel reduzirá a comunicação entre estudantes e professores: Por isso, é preferível que as aplicações de aprendizagem móvel tenham fóruns em linha.

- As aplicações devem ser fáceis de utilizar.
- Deve ser fácil de descarregar e instalar.
- Pode ser utilizado em qualquer lugar e em qualquer altura.
- As caraterísticas da aplicação devem estar actualizadas.

Depois de analisar as preocupações e recomendações dos professores e dos estudantes sobre a aprendizagem móvel e as aplicações de aprendizagem móvel, o investigador concebeu uma ferramenta de aplicação de aprendizagem móvel.

4.8 Componentes do sistema da ferramenta de aplicação móvel

Depois de analisar as preocupações e recomendações dos professores e dos estudantes sobre as aplicações de aprendizagem móvel e de aprendizagem móvel, o investigador criou uma ferramenta de aplicação de aprendizagem móvel designada por M-Moodle. A página principal da aplicação M-Moodle é apresentada a seguir.

Figura 67- Página principal

Para aceder ao sistema, o utilizador deve fornecer o nome de utilizador e a palavra-passe corretos.

A página de início de sessão da aplicação M-Moodle é apresentada em seguida.

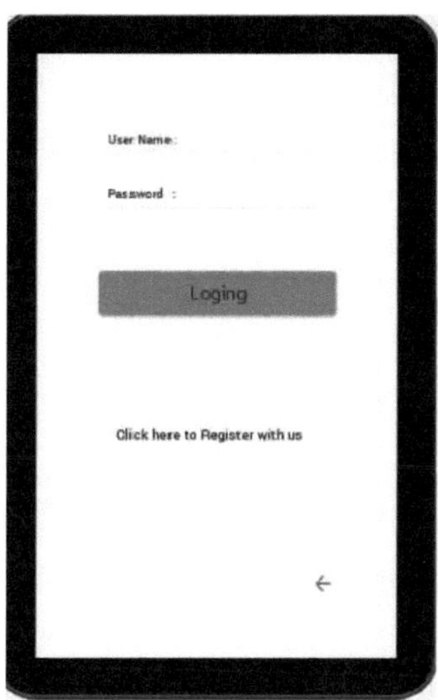

Figura 68- Página de início de sessão

Se o utilizador for um novo utilizador, deve registar-se no sistema navegando na página de registo. Através do URL do sítio Web, o utilizador pode aceder ao sítio Web do curso que se encontra na sua universidade. Neste caso, o sistema valida o URL do sítio Web e, se for válido, permite o acesso do utilizador.

De acordo com o tipo de utilizador selecionado, as funcionalidades do sistema são alteradas. Por exemplo, a funcionalidade Carregar trabalhos só está disponível para o docente. Não é apresentada aos estudantes. Por isso, o utilizador tem de selecionar o tipo de utilizador no momento do registo. A aplicação M-Moodle tem uma funcionalidade especial chamada Alertas de emprego. Para ver os alertas de emprego, o utilizador tem de selecionar a caixa de verificação "Deseja receber alertas de emprego" e tem de definir a área de interesse na página de registo. A página de registo da aplicação M-Moodle é mostrada abaixo.

Figura 69- Página de registo na aplicação M-Moodle

Depois de se registar no sistema, o utilizador pode navegar para o ecrã inicial do sistema. A seguinte interface de utilizador descreve o ecrã inicial da aplicação M-Moodle.

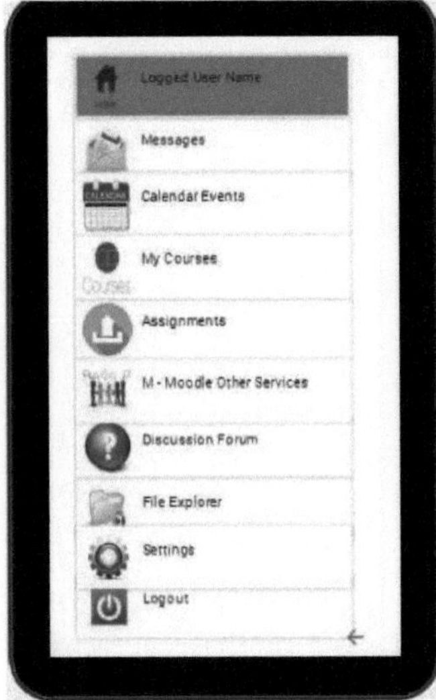

Figura 70 - Página inicial da aplicação M-Moodle

As principais funcionalidades da aplicação M-Moodle são apresentadas a seguir.

- Mensagens e notificações
- Gerir eventos e tarefas
- Gerir o conteúdo da disciplina
- Carregue, envie e reveja os trabalhos.
- Fórum de discussão
- Biblioteca móvel
- Alertas de emprego
- Explorador de ficheiros

Mensagens

Figura 71- IU de mensagens

Utilizando a função de mensagens, o utilizador pode comunicar com os professores e os seus amigos. Os professores podem enviar as suas mensagens aos estudantes de forma cómoda.

O painel de notificações ajuda os utilizadores a gerir as suas notificações. Através dele, os utilizadores recebem notificações sobre os seus trabalhos e outras tarefas académicas. Aqui, o utilizador pode eliminar e procurar notificações. A figura seguinte descreve a IU de notificação.

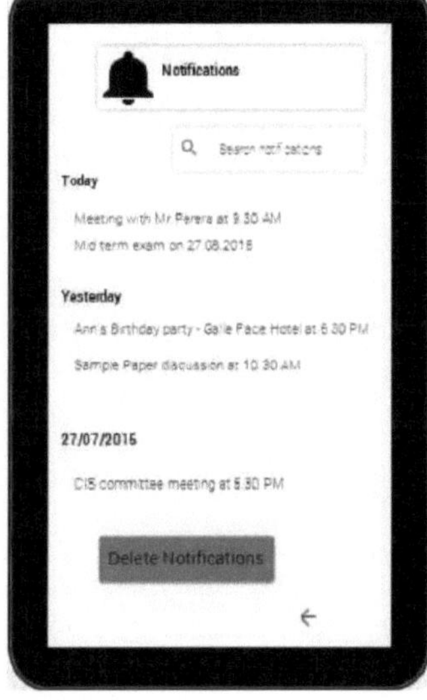

Figura 72- IU de notificação

Calendário de eventos

A funcionalidade Calendário de eventos ajuda os estudantes e os professores a gerir as suas tarefas e eventos. Por exemplo, os alunos precisam de carregar os seus trabalhos antes da 1.0' hora do dia seguinte. Nessa situação, a maior parte dos estudantes está habituada a guardar lembretes. Por isso, o investigador pensou em incluir esta funcionalidade na aplicação móvel de aprendizagem. Aqui, o utilizador tem de selecionar a data e, em seguida, pode adicionar detalhes do evento ou da tarefa à agenda. A seguinte interface de utilizador descreve os eventos do calendário.

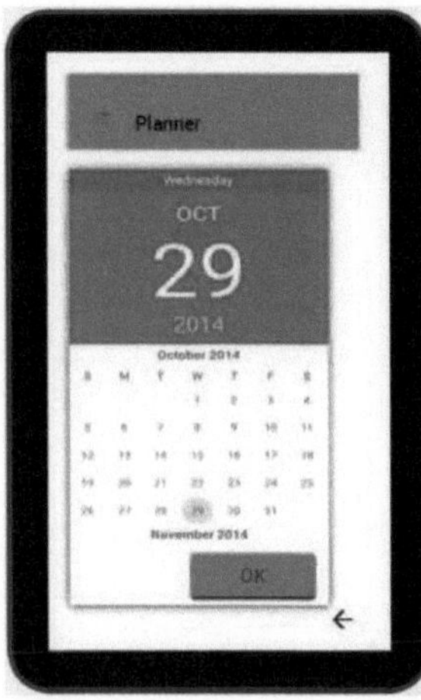

Figura 73 - Calendário na IU do Planificador

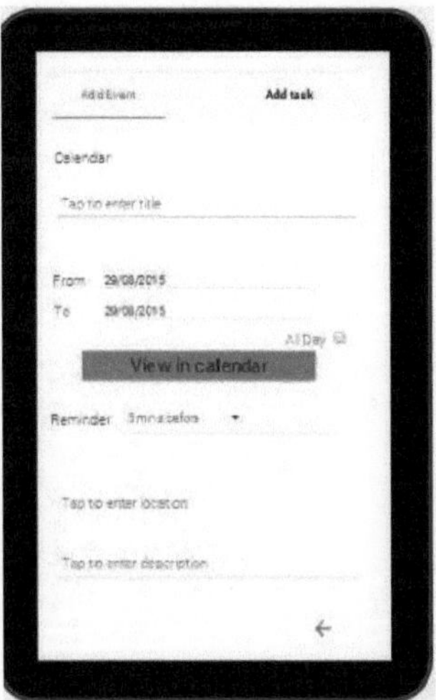

Figura 74 - Adicionar novo evento ou nova tarefa

Os meus cursos

A funcionalidade Os meus cursos ajuda os dois utilizadores a gerir o conteúdo dos cursos. A seguinte interface do utilizador descreve os sub-módulos que fazem parte da funcionalidade Os meus cursos.

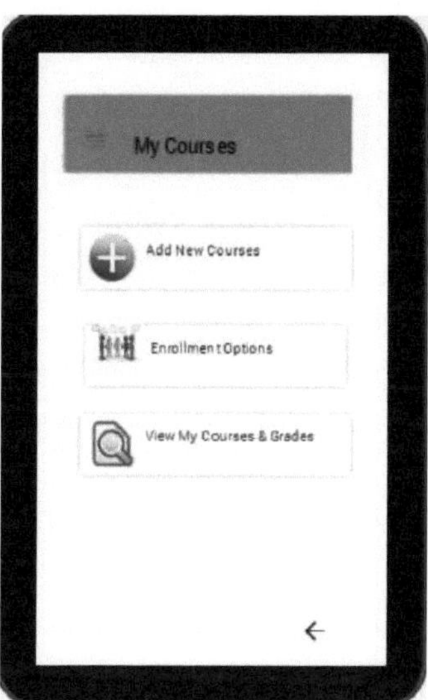

Figura 75 - IU Os meus cursos

Adicionar novos cursos

Através desta funcionalidade, os utilizadores (alunos ou professores) podem adicionar novas disciplinas ao seu conteúdo. Para adicionar uma nova disciplina, o utilizador tem de clicar no botão Adicionar novas disciplinas na interface de utilizador A minha disciplina. A seguinte interface de utilizador descreve Adicionar novas disciplinas .

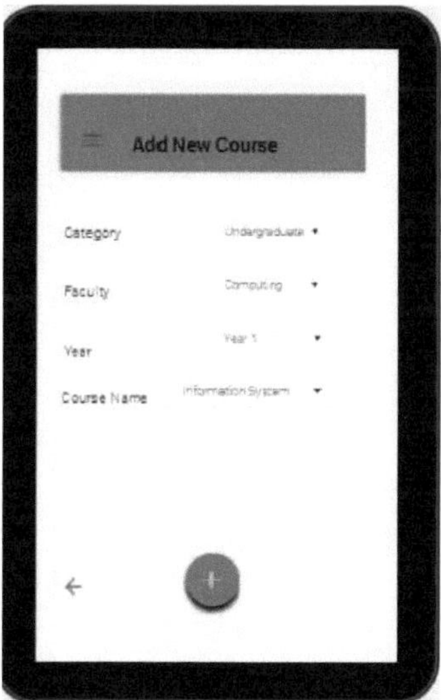

Figure 76 - Adicionar novo curso

Neste ponto, o utilizador tem de selecionar a categoria e o corpo docente. De acordo com a categoria e o corpo docente selecionados, a lista pendente Ano carrega os dados. A lista pendente Nome da disciplina deve carregar as disciplinas que correspondem à categoria, ao corpo docente e ao ano selecionados pelo utilizador. Por fim, o utilizador tem de clicar no botão Adicionar para adicionar uma nova disciplina ao sistema.

Opção de inscrição

Para evitar o acesso não autorizado ao conteúdo da disciplina, esta funcionalidade é utilizada. Aqui, os professores podem adicionar chaves de inscrição às disciplinas e depois fornecer essas chaves aos alunos. Os alunos devem fornecer a chave de inscrição antes de acederem às novas disciplinas. Qualquer aluno pode adicionar mais do que uma disciplina ao seu sistema, mas para aceder a essas disciplinas tem de fornecer uma chave de inscrição.

O IU da opção de inscrição é apresentado abaixo.

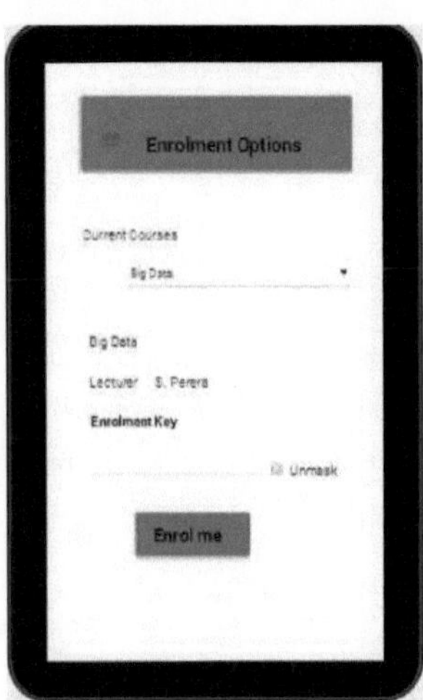

Figure 77 Opção de inscrição UI

Ver os meus cursos e notas

Através desta função, os alunos podem ver as notas das suas disciplinas com os dados do docente. Para ver os dados do docente, o aluno tem de clicar no nome do docente responsável. Em seguida, o aluno pode ver os dados do docente

A seguinte interface do utilizador descreve os detalhes da classificação da disciplina selecionada e os detalhes do docente.

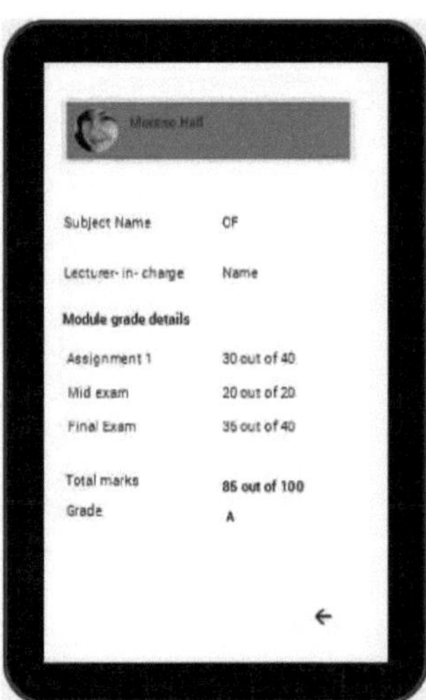

Figura 78 - IU Os meus cursos e notas

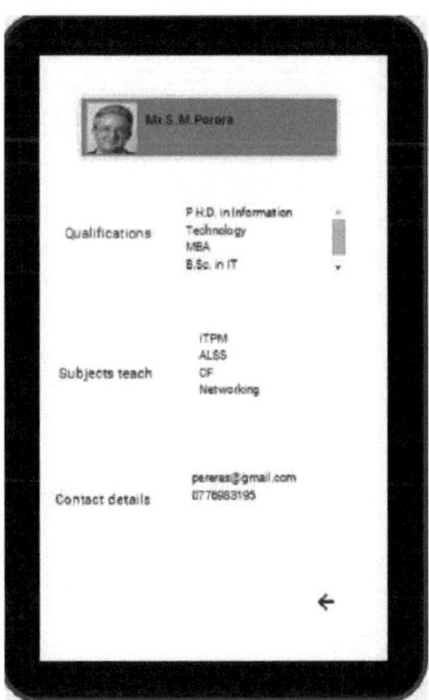

Figura 79- Ver os detalhes do professor para a disciplina selecionada

Atribuições

Esta funcionalidade ajuda os utilizadores a gerir os trabalhos. Utilizando estas funcionalidades, os alunos podem carregar trabalhos, ver as notas dos trabalhos e receber notificações de trabalhos. Os professores podem publicar trabalhos, rever trabalhos, carregar notas de trabalhos, controlar o número de alunos que entregam os trabalhos a tempo e o número de trabalhos entregues fora de prazo. Na funcionalidade de atribuição, a visualização das subfuncionalidades é diferente dos tipos de utilizador.

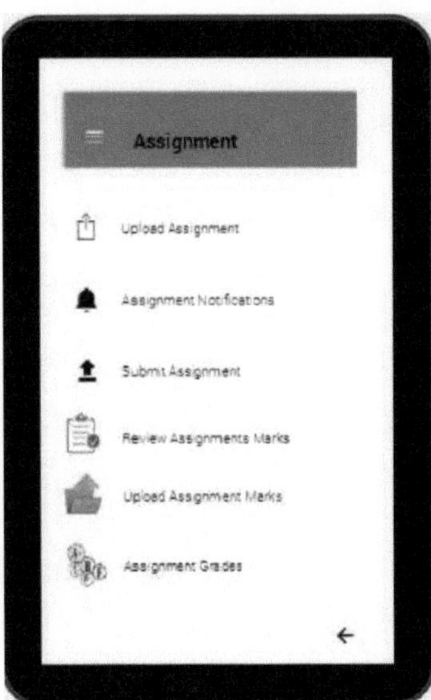

Figura 80 - IU de atribuição

Carregar tarefas

Através desta interface, os docentes podem carregar e publicar os seus trabalhos para os alunos. A interface de utilizador Upload Assignment (Carregar Trabalho) é apresentada abaixo.

Figura 81 - Atribuições de carregamento

A lista pendente de disciplinas é carregada de acordo com as disciplinas atribuídas ao docente. Depois de selecionar a disciplina, o docente pode pesquisar o trabalho, selecionar a data de conclusão do trabalho e publicar o trabalho para os alunos.

Notificação de atribuição

Através deste sub-módulo, os alunos recebem os alertas de notificação de tarefas. De acordo com o período selecionado, os alertas de atribuição são ordenados e os alunos podem gerir esses alertas com os períodos utilizando a IU Definições. A interface de utilizador da notificação de atribuição é apresentada abaixo.

Figura 82- IU de notificação de atribuição

Apresentar tarefas

Os alunos podem apresentar os seus trabalhos através deste sub-módulo. A lista pendente de cursos é carregada com dados de acordo com as disciplinas que foram adicionadas pelos alunos. Depois de selecionar a disciplina, os alunos têm de procurar e selecionar a tarefa e clicar no botão "Adicionar" para apresentar a tarefa.

A IU de envio da tarefa é apresentada a seguir.

Figura 83 - IU Enviar atribuição

Rever as notas da tarefa

Através desta funcionalidade, os professores podem rever os trabalhos dos alunos. De acordo com a hora de entrega do trabalho, os trabalhos são agrupados em duas categorias: trabalhos atrasados e trabalhos a tempo. A interface de utilizador Rever marcas de trabalhos é apresentada abaixo.

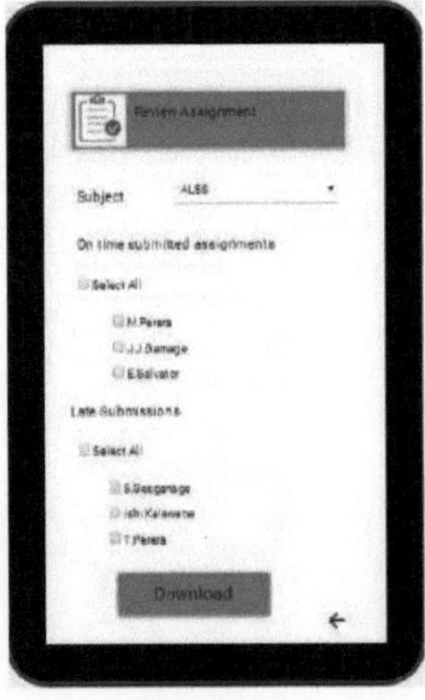

Figura 84- Rever atribuições

Carregar marcas de atribuição

Depois de rever os trabalhos, os professores podem carregar as notas dos trabalhos através desta funcionalidade. Para carregar as notas dos trabalhos, o docente tem de escrever o nome da disciplina, procurar o ficheiro das notas e clicar no botão Carregar e publicar.

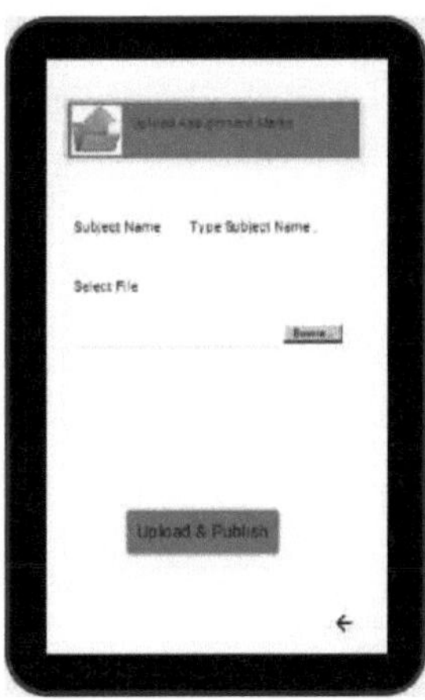

Figura 85- Carregar notas de atribuição

Ver as notas das tarefas

Através deste sub-módulo, os alunos podem ver as notas dos seus trabalhos.

De acordo com o tema selecionado, as notas são apresentadas numa lista.

A interface de utilizador Ver atribuição classificada é apresentada da seguinte forma.

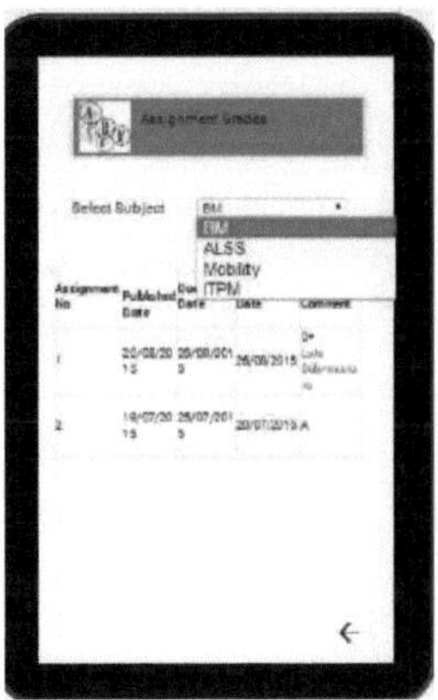

Figure 86- Ver IU de classificação de trabalhos

Outros serviços M-Moodle

A interface de utilizador de outros serviços do M-Moodle é apresentada a seguir.

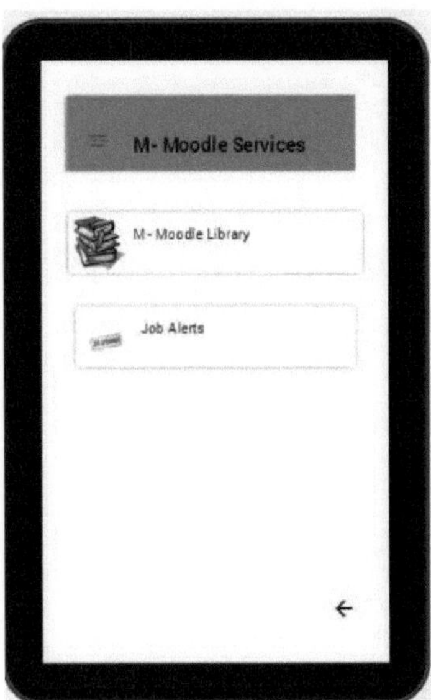

Figure 87- M-Moodle outros serviços UI

Alertas de emprego

Para popularizar as aplicações de aprendizagem móvel entre os estudantes universitários, o autor incluiu esta funcionalidade. Através desta funcionalidade, tanto os estudantes como os professores podem ver as ofertas de emprego de acordo com a sua área de interesse. Como resultado desta funcionalidade, as empresas podem enviar os seus alertas de emprego diretamente para o público adequado. Por exemplo, uma empresa precisa de encontrar um engenheiro de garantia de qualidade de software. Nessa altura, pode publicar o seu anúncio num jornal ou em qualquer sítio Web de anúncios de emprego, mas não pode garantir que o seu anúncio seja visto pelo público correto. Através desta facilidade que está na ferramenta de aplicação móvel ajuda a minimizar este problema porque aqui o anúncio de emprego é publicado de acordo com a área de interesse dos utilizadores; aqui o utilizador pode atualizar a(s) sua(s) área(s) de interesse. De acordo com isso, o utilizador receberá alertas de emprego. Por conseguinte, as empresas podem certificar-se de que estão a dirigir-se ao público certo.

A interface de utilizador do alerta de emprego é apresentada abaixo. Ao clicar no alerta de emprego selecionado, o utilizador pode ver a descrição pormenorizada dessa vaga de emprego específica.

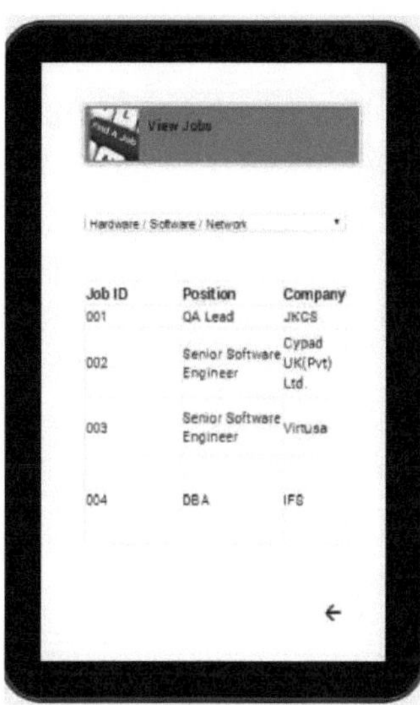

Figure 88- Ver empregos

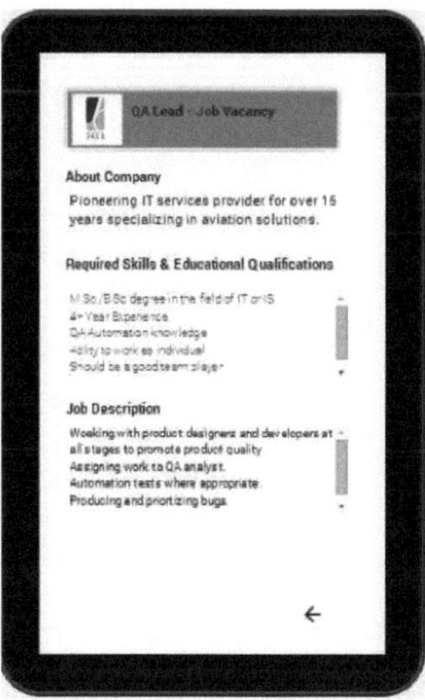

Figura 89- Descrição pormenorizada do posto de trabalho selecionado

Biblioteca M-Moodle

As aplicações de aprendizagem móvel existentes não permitem visualizar e obter conteúdos da biblioteca.

Esta aplicação consiste numa biblioteca móvel que permite aos utilizadores obter artigos de investigação, documentos de aprovação e outros documentos de acordo com a(s) sua(s) área(s) de interesse. A seguinte interface de utilizador descreve a biblioteca M-Moodle com sub-módulos.

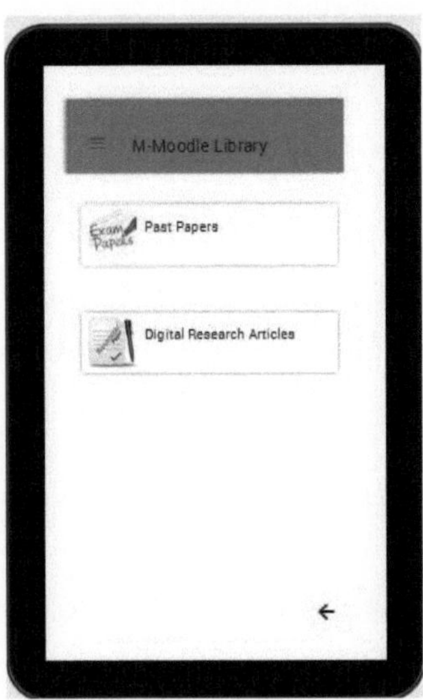

Figura 90- Interface da biblioteca M-Moodle

Trabalhos anteriores

De acordo com o ano e o módulo selecionados, ambos os utilizadores (professores e alunos) poderão ver e descarregar os trabalhos anteriores.

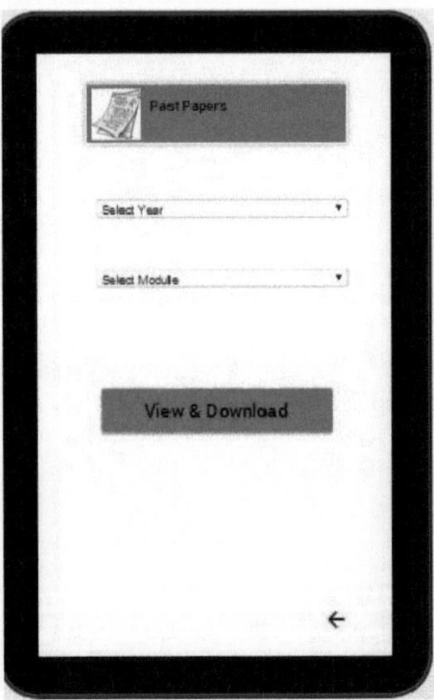

Figura 91 - IU de visualização e transferência de documentos anteriores

Artigos de investigação

De acordo com a área de investigação selecionada, o utilizador poderá obter artigos de investigação.

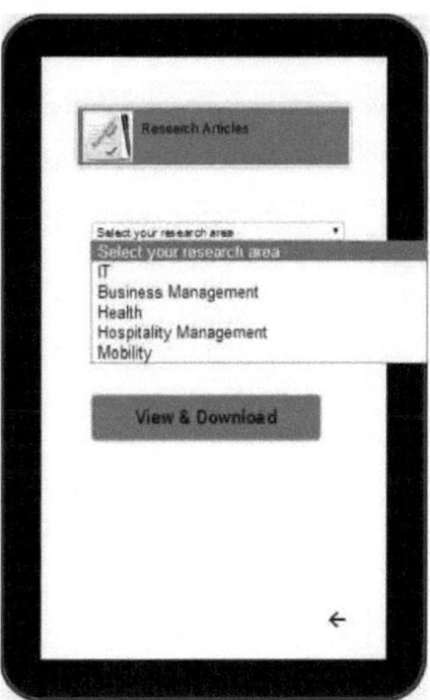

Figura 92 - Artigo de investigação

Explorador de ficheiros

Esta funcionalidade ajuda o utilizador a gerir os seus documentos utilizando pastas separadas. As categorias de subpastas ajudam o utilizador a gerir as suas estruturas de pastas.

Por exemplo, podem guardar imagens ou fotografias na galeria; podem guardar documentos na categoria de documentos. A interface de utilizador do Explorador de Ficheiros é apresentada abaixo.

Figura 93-IU do Explorador de Ficheiros

Fórum de discussão

O fórum de discussão ajuda os professores e os alunos a partilharem os seus conhecimentos sobre diferentes áreas. Aqui, qualquer pessoa pode publicar um tópico ou uma pergunta e depois os outros podem comentá-lo. Por fim, o utilizador pode ver o número de respostas que recebe sobre o tópico publicado. A interface de utilizador do fórum de discussão é apresentada em seguida.

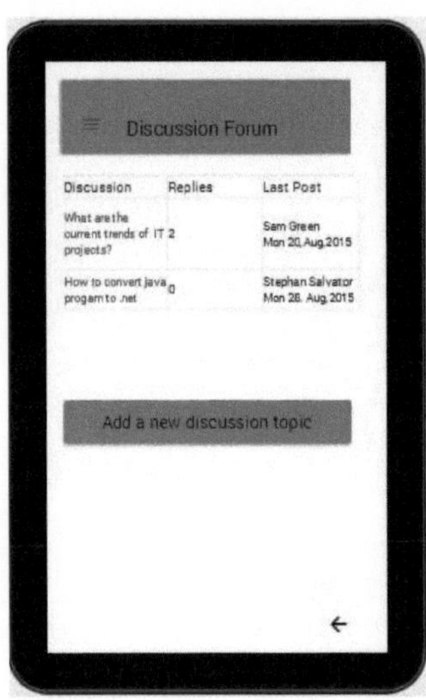

Figura 94- Fórum de discussão

4.9. Discussão

Os resultados obtidos neste estudo indicam que a maioria dos estudantes e professores possui smartphones, computadores portáteis, tablets e PCs e os restantes professores e estudantes possuem telemóveis comuns. A maioria dos estudantes e professores indica que tem experiência de navegação na Internet móvel. Acedem regularmente à Internet através dos seus dispositivos móveis dentro e fora do campus.

O resultado também mostra que ambos os grupos (professores e estudantes) têm uma atitude positiva em relação ao M-Learning. Além disso, estas atitudes positivas são evidentes entre os estudantes e os docentes que têm interesse em utilizar as novas tecnologias nos seus estudos e nas suas aulas e que vêem as vantagens do M-Learning para aceder a materiais de aprendizagem adicionais.

É do conhecimento geral que todos os dispositivos móveis, tais como telemóveis inteligentes, tablets, iPods, e também proporcionam aos alunos uma forma experimental e interactiva de aprender e tecnologia.

Além disso, os estudantes encaram a aprendizagem móvel como um apoio complementar à aula tradicional. Esperam que a aprendizagem móvel lhes ofereça material didático adicional que possa ser carregado nos seus dispositivos móveis, para que possam estudar enquanto viajam ou estão fora da universidade.

Consideraram que o M-learning é um método que permite poupar tempo, proporcionar um acesso conveniente aos materiais do curso e tornar as aulas mais interessantes.

No entanto, apesar destes comentários, alguns participantes pensaram o contrário devido a questões técnicas e de conceção, como o tamanho reduzido do ecrã do dispositivo móvel, o tempo que pode demorar a descarregar a aplicação e a ligação à Internet.

Em termos gerais, os resultados deste estudo podem ser resumidos e avaliados em relação a estudos anteriores de aprendizagem móvel da seguinte forma:

- Os dispositivos móveis mais populares utilizados pelos estudantes e professores eram os telemóveis inteligentes com computação avançada e conetividade à Internet.
- Os estudantes e os professores devem ser informados sobre as vantagens do M- Learning, uma vez que uma grande parte deles não sabe o que significa e como funciona. Deve ser dado mais apoio para atrair os estudantes para as actividades de aprendizagem móvel.
- A maioria dos estudantes prevê que o M-Learning será um sistema complementar para a aprendizagem tradicional baseada na aula, fornecendo materiais extra diferentes, e não substituirá o processo de aprendizagem tradicional.
- A maioria dos professores gosta de distribuir os seus professores com as novas tecnologias e, para isso, precisam da ajuda da direção.

Alguns estudantes pensam que não poderão utilizar a aprendizagem móvel pelo facto de não disporem de dispositivos adequados. Estas questões devem ser consideradas pelos criadores de M-learning. É necessário tomar decisões técnicas em termos de como desenvolver os materiais de aprendizagem e disponibilizá-los numa configuração de dispositivos móveis multiplataforma.

Apesar do carácter de pequena escala deste estudo, os resultados podem ser considerados mais indutivos do que representativos. O objetivo deste estudo era formular uma visão global da disponibilidade dos estudantes e dos docentes para avançarem para a utilização da aprendizagem móvel nos seus estudos.

Procurou também identificar os factores que afectam a aplicação desta tecnologia na aprendizagem e no ensino a nível do ensino superior e criar uma ferramenta de aprendizagem móvel que corresponda às necessidades dos utilizadores.

A aprendizagem móvel facilita a colaboração entre estudantes e professores e permite-lhes participar em actividades de aprendizagem. Além disso, a aprendizagem móvel melhora a acessibilidade dos estudantes aos materiais de aprendizagem, oferecendo um ambiente flexível para aprender em qualquer altura e em qualquer lugar.

Esta flexibilidade pode reduzir o tempo improdutivo dos estudantes e incentivá-los a interagir mais com os professores e os colegas. Os participantes mostraram uma atitude positiva relativamente aos benefícios da aprendizagem móvel. Estudos anteriores mostraram-se cépticos quanto à disponibilidade do dispositivo móvel e ao seu preço.

Um fator muito importante para garantir o sucesso do sistema de aprendizagem móvel será a escolha do dispositivo utilizado pelos estudantes e professores. Verificou-se que uma grande parte dos participantes já possui dispositivos móveis modificados.

No entanto, alguns estudantes e professores pensaram que estes dispositivos poderiam não ser adequados para utilizar a aprendizagem móvel, uma vez que a aprendizagem móvel necessita de tecnologia para converter os materiais de aprendizagem em sistemas específicos de dispositivos móveis. Os resultados revelaram que os estudantes não estão totalmente preparados para implementar a aprendizagem móvel nos seus estudos, mas estão dispostos a utilizá-la.

Além disso, as atitudes dos docentes em relação à aprendizagem móvel afectam a sua aceitação; os docentes podem não gostar de utilizar a aprendizagem móvel nos seus métodos de ensino.

No entanto, os estudantes e os professores poderão tirar partido da aprendizagem móvel num futuro próximo, se as universidades adoptarem estratégias bem sucedidas que sensibilizem os estudantes para a aprendizagem móvel e ultrapassem os desafios identificados.

Estes pontos exigem mais esforços para adaptar esta tecnologia aos métodos de ensino e aprendizagem. Seria igualmente aconselhável fornecer aos estudantes e professores mais informações sobre os benefícios da aprendizagem móvel, recorrendo a workshops e seminários.

Além disso, deve ser organizada uma série de cursos de formação para os docentes, a fim de os integrar na administração do ensino móvel. O caminho a seguir é desenvolver e avaliar um modelo que tenha em consideração as preocupações e questões levantadas pelos estudantes e professores neste estudo.

Capítulo 5

Discussão

5.1 Introdução

O principal objetivo desta investigação é introduzir um modelo sobre a aceitação da aprendizagem móvel por parte de estudantes e professores no sector do ensino superior no Sri Lanka. Para atingir o objetivo principal, foi definido um conjunto de objectivos secundários. Os participantes nesta investigação foram divididos em duas categorias: estudantes e professores do ensino superior.

Com base no modelo UTAUT e em consonância com estudos anteriores, este estudo alarga a utilização do modelo UTAUT na aceitação de contextos de M-Learning, acrescentando a experiência de ensino dos professores e explorando se a experiência de ensino tem efeito na aceitação desta nova tecnologia.

Depois de identificar a aceitação desta tecnologia, o investigador concebeu um protótipo de uma ferramenta de aplicação móvel de aprendizagem móvel que consiste numa facilidade de comunicação interna e externa entre professores e alunos, numa facilidade de gestão do conteúdo do curso, num fórum de discussão, numa facilidade de gestão de eventos, numa facilidade de alertas de emprego e numa biblioteca móvel.

5.2 Discussão

Os resultados indicam que o modelo proposto explica adequadamente e tem a capacidade de prever a intenção comportamental dos estudantes e dos docentes de adoptarem o M-Learning. A Expectativa de Desempenho, a Expectativa de Esforço, a Condição Facilitadora, a Influência Social e o Voluntariado de Utilização foram significativos para todas as respostas dos estudantes e dos docentes.

De acordo com a investigação anterior no domínio da aceitação da tecnologia, a expetativa de desempenho, a expetativa de esforço, a condição facilitadora, a influência social e a voluntariedade de utilização têm uma influência significativa e positiva na intenção comportamental de utilizar o M-learning.

Parece que os estudantes com elevada expetativa de desempenho (que acreditam que a utilização de um sistema de aprendizagem móvel será benéfica para os seus estudos) têm mais tendência a aceitar a aprendizagem móvel do que os estudantes com expectativas de desempenho mais baixas.

A expetativa de esforço também demonstrou ser uma influência significativa na intenção do estudante de utilizar a aprendizagem móvel. Os resultados do estudo indicam que a expetativa de esforço foi o fator de previsão mais forte da intenção comportamental de utilizar a aprendizagem automática (β= 0559). Os resultados desta investigação mostram que os estudantes universitários e os professores que consideram que o M-learning é fácil de utilizar têm maior probabilidade de adotar esta tecnologia. Isto indica que os criadores do M-learning devem fornecer aplicações de M-learning fáceis de operar e de utilizar.

A influência social também demonstrou ser uma influência significativa na intenção do estudante de utilizar a aprendizagem móvel. Como o estudo investiga a aceitação da aprendizagem móvel nas universidades, foi investigado o impacto da influência social na perspetiva dos professores. A aceitação e a atitude dos professores em relação à aprendizagem móvel influenciarão as ideias dos seus alunos sobre esta nova tecnologia, o que os motivará a adoptá-la ou não. Além disso, este estudo investiga se os professores incentivam ou não os seus alunos a utilizar esta tecnologia. Além disso, este resultado significa que os estudantes universitários e os professores consideram que o M-learning é fácil de utilizar e que é provável que adoptem e utilizem esta tecnologia nos seus estudos. Mas, para implementar esta tecnologia, necessitam de apoio da gestão, uma vez que alguns professores não estão familiarizados com esta tecnologia e necessitam de formação em TI para a adoptarem. Por conseguinte, o apoio da direção é importante para este efeito. Por outro lado, isto indica que o apoio da gestão é um fator essencial para a adoção desta nova tecnologia.

A condição facilitadora também foi um fator comprovado e influenciou a intenção do estudante de utilizar o M-Learning. Parece que os estudantes e os professores com dispositivos de alta tecnologia (tais como tablet, iPod e telemóveis inteligentes) têm mais tendência para aceitar a aprendizagem móvel do que os estudantes e os professores com dispositivos de baixa tecnologia.

Os Voluntários de Utilização também demonstraram ser uma influência significativa na intenção dos estudantes de utilizar a aprendizagem móvel. Para investigar a aceitação do M-learning nas universidades, investigou-se o impacto dos voluntários de utilização na perspetiva dos professores e dos estudantes. Parece que a maioria dos estudantes e dos professores gosta de experimentar novas tecnologias. Por conseguinte, gostam de aceitar esta tecnologia.

Por último, os resultados indicam que não existe um efeito significativo da experiência de ensino dos professores e do género dos estudantes na intenção comportamental. Os resultados indicam que a expetativa de desempenho, a expetativa de esforço, as condições facilitadoras e a voluntariedade de utilização têm um forte efeito na aceitação do ensino móvel por parte de estudantes e professores.

A aprendizagem móvel ainda se encontra numa fase relativamente inicial de implementação, pelo que é importante que os profissionais e os educadores compreendam quais os factores que levam os estudantes a aceitar esta nova tecnologia. A aprendizagem móvel tem de ser fácil de utilizar e de aceder e tem de aumentar as expectativas de desempenho dos estudantes e dos professores.

Os estudantes universitários poderão aceitar a aprendizagem móvel se considerarem que esta tecnologia os ajudará a melhorar a sua aprendizagem e o seu futuro emprego. Por conseguinte, as universidades têm de motivar os estudantes (especialmente os que não estão familiarizados com os dispositivos móveis) para as vantagens da aprendizagem móvel nos estudos universitários.

Os professores podem ter uma influência significativa na aceitação da aprendizagem móvel por parte dos estudantes. Por conseguinte, é necessário motivar os docentes universitários, sensibilizá-los para a aprendizagem móvel e proporcionar-lhes formação suficiente. Além disso, verificou-se que a capacidade de inovação pessoal é um forte fator que afecta a intenção comportamental de utilizar a aprendizagem móvel, uma vez que os estudantes inovadores têm geralmente convicções positivas em relação à utilização de novas tecnologias.

Depois de analisar os resultados dos dados recolhidos, o investigador concebeu uma ferramenta móvel de aprendizagem móvel que dispõe de funcionalidades de comunicação, gestão de eventos, fórum de discussão, gestão do conteúdo do curso, biblioteca móvel e alerta de emprego. Esta ferramenta pode ser utilizada tanto por professores como por estudantes para realizar o seu trabalho académico. Antes de implementar esta ferramenta de aprendizagem móvel, o investigador preocupou-se com as ideias dos estudantes e dos professores sobre a aplicação de aprendizagem móvel, que podem ser mencionadas a seguir.

- Custo
- Compatibilidade
- Facilidade de utilização
- Disponibilidade da aplicação com ligação à Internet

Os factores acima mencionados constituem obstáculos para os estudantes e professores quando utilizam aplicações móveis. Depois de analisar todos os obstáculos, o investigador criou um protótipo de uma ferramenta de aplicação móvel que pode ser utilizada em qualquer lugar e em qualquer altura.

Para a ferramenta de aplicação móvel M-Learning, o investigador acrescentou duas caraterísticas especiais que não estão incluídas noutras aplicações de aprendizagem móvel. Trata-se da funcionalidade de alerta de emprego e da biblioteca móvel. Utilizando a funcionalidade de alerta de emprego, os utilizadores podem ver as ofertas de emprego actuais de acordo com a(s) sua(s) área(s) de interesse. Utilizando a biblioteca móvel, os utilizadores podem ver e descarregar artigos e documentos de investigação de acordo com a(s) sua(s) área(s) de interesse. Deste modo, não precisam de dedicar mais tempo às actividades da biblioteca. Utilizando o seu próprio dispositivo, os utilizadores podem gerir as suas actividades na biblioteca.

Os participantes sugeriram que a ferramenta fosse concebida de acordo com as suas necessidades. As necessidades dos utilizadores podem depender de diferentes contextos culturais, níveis de ensino e competências, bem como das necessidades dos professores para conceberem material didático eficaz.

Por último, o investigador tem de considerar a resistência dos docentes à mudança. Os professores que têm uma experiência mais longa no método tradicional de ensino presencial serão ambivalentes quanto à conceção do contexto de aprendizagem móvel. Em geral, têm uma preferência reflexiva por continuar a utilizar os seus métodos de ensino tradicionais "experimentados e testados". Por conseguinte, é necessário motivá-los a adaptar esta nova tecnologia educativa às suas estratégias de ensino. Isto pode ser feito através da apresentação de exemplos reais de formas em que os benefícios da aprendizagem móvel são evidentes. Além disso, recomenda-se que a direção da universidade encoraje o seu pessoal a adotar a aprendizagem móvel para melhorar as suas competências de ensino e lhes dê apoio financeiro suficiente para se adaptarem a esta tecnologia.

Capítulo 6

Conclusão

6.1 Introdução

O principal objetivo desta investigação é introduzir um modelo de aceitação da aprendizagem móvel por parte dos estudantes e dos docentes no sector do ensino superior no Sri Lanka. Para atingir o objetivo principal, o investigador utilizou um conjunto de objectivos secundários. O primeiro subobjectivo consistia em investigar a situação atual da aprendizagem móvel no Sri Lanka. Em segundo lugar, o investigador tem de descobrir se os estudantes e os docentes estão preparados para utilizar dispositivos móveis. O terceiro subobjectivo consistia em examinar a perspetiva dos professores quando os alunos utilizam dispositivos móveis na sala de aula. O quarto subobjectivo consiste em investigar o impacto da utilização formal de dispositivos móveis na aprendizagem, no empenho e na participação dos alunos na sala de aula. O subobjectivo seguinte consiste em derivar um modelo de aceitação que descreva a aceitação da aprendizagem móvel por parte de estudantes e professores no sector do ensino superior no Sri Lanka. O subobjectivo final era conceber um protótipo de aplicação de aprendizagem móvel.

Revisitando o objetivo do estudo, este estudo foi realizado para procurar respostas às seguintes questões principais e subquestões de investigação. A principal questão de investigação era "Quais são os factores que afectam a tendência para a integração da aprendizagem móvel do pessoal e dos estudantes da universidade? As sub-questões de investigação são;

1. Como é que os alunos utilizam atualmente os seus dispositivos móveis para fins educativos?

2. Qual é a perspetiva dos professores relativamente à utilização de dispositivos móveis pelos alunos para fins educativos?

3. Como é que a utilização formal de dispositivos móveis afectaria a aprendizagem, o empenho e a participação dos alunos na sala de aula?

4. Os estudantes e os professores estão preparados para utilizar os dispositivos móveis na sala de aula?

5. Quais são os factores que influenciam a aceitação da aprendizagem móvel no ensino superior por parte dos estudantes e dos professores?

6. Quais são as diretrizes de conceção de aplicações de aprendizagem móvel para professores e funcionários universitários?

A fim de responder a todas as questões de investigação, foram revistas a literatura e a investigação sobre os aspectos da aprendizagem móvel. A literatura indica claramente que as tecnologias M-learning e E-learning têm muitas semelhanças, mas o e-learning não pode ser utilizado em qualquer lugar e a qualquer momento; o m-learning pode ser utilizado em qualquer lugar e a qualquer momento.

Para responder às questões de investigação, foi utilizado um inquérito no capítulo 4 para investigar o grau de preparação dos estudantes e dos docentes para a aprendizagem móvel e as suas expectativas em relação aos serviços de aprendizagem móvel. Este estudo revelou que uma grande parte dos participantes já tinha telemóveis inteligentes.

Além disso, os resultados do inquérito mostram que alguns dos estudantes não estão familiarizados com o M-Learning e não estão totalmente preparados para utilizar esta tecnologia devido a questões de apoio de infra-estruturas e de compatibilidade na conversão dos materiais do curso para os dispositivos móveis. As outras questões identificadas pelos estudantes são a aceitação da adoção do M-Learning por parte dos professores. A atitude dos professores em relação a este novo formato, a sua visão e competências e o apoio da direção desempenham um papel significativo na implementação bem sucedida da aprendizagem móvel.

Para responder à quinta subquestão de investigação e às principais questões de investigação, foi testado um modelo hipotético dependente do UTAUT. Os dados foram recolhidos junto de 282 estudantes e 90 docentes e o modelo foi avaliado através de hipóteses.

Os resultados mostram que uma intenção de 55% de aceitar a aprendizagem móvel no contexto do ensino superior foi explicada pelo modelo concetual, que não se incorpora à experiência dos docentes.

Os factores do modelo proposto para encontrar efeitos significativos na intenção comportamental de utilizar o M-learning são apresentados a seguir.

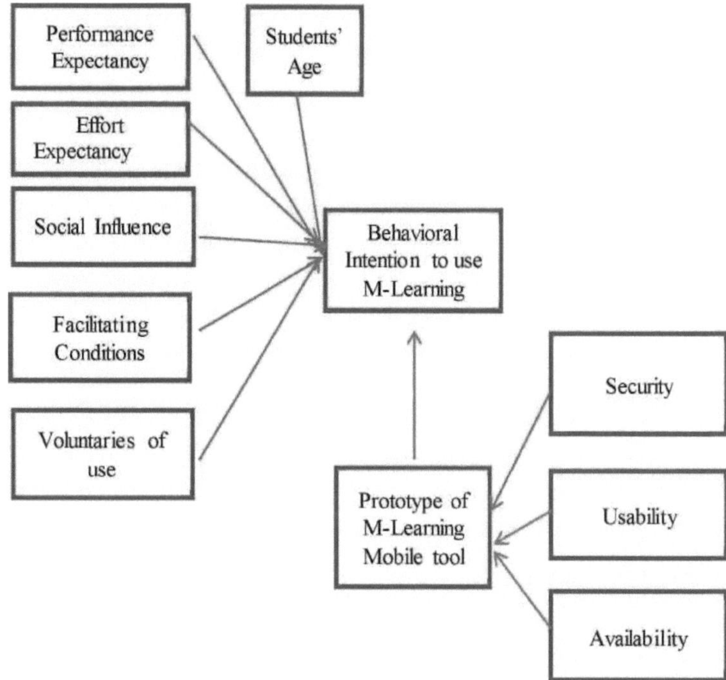

Figura 95- Modelo validado

Os resultados indicam que, para promover a aceitação da aprendizagem móvel por parte dos estudantes e dos professores, os criadores de sistemas devem prestar atenção ao desenvolvimento de aplicações móveis de aprendizagem móvel que sejam fáceis de utilizar e de aceder e que aumentem a expetativa de desempenho dos professores e dos estudantes. Além disso, os professores têm uma influência significativa na aceitação da aprendizagem móvel por parte dos estudantes. Estes podem promover a aceitação da aprendizagem móvel por parte dos estudantes, acrescentando valor aos seus métodos tradicionais de lecionação de cursos, utilizando esta tecnologia. Por conseguinte, os docentes devem estar familiarizados com a aprendizagem móvel, tanto a nível concetual como prático.

6.2 Contribuição da investigação.

Esta investigação e as suas conclusões têm alguns contributos e implicações significativas para a área da aceitação e implantação da aprendizagem móvel.

No primeiro estudo, os resultados contribuem para a literatura ao avaliarem o grau de preparação dos estudantes e dos professores para a aprendizagem móvel. Na perspetiva dos estudantes e dos professores, os resultados revelaram os desafios que os estudantes podem enfrentar na utilização da aprendizagem móvel na sua aprendizagem.

O modelo concetual dá uma visão geral de todos os elementos que devem ser abordados no ambiente de aprendizagem móvel. Depois de identificados os desafios da adoção do m-learning e a preparação para o m-learning, o investigador apresentou o protótipo de uma aplicação de m-learning que pode ser utilizada tanto por estudantes como por professores. Estes modelos conceptuais podem funcionar como um roteiro para a futura implementação de projectos de aprendizagem móvel.

O protótipo da ferramenta de aplicação móvel pode ser desenvolvido e utilizado em universidades do Sri Lanka e de outros países. Os resultados desta investigação motivarão outros investigadores a realizar mais estudos para investigar e explorar outros factores que possam influenciar o êxito da implantação da aprendizagem móvel no ambiente do ensino superior. Além disso, outros investigadores devem prestar atenção ao desenvolvimento de soluções para ultrapassar todos os obstáculos que se colocam à implantação desta nova tecnologia.

6.3 Limitações desta investigação

- Os participantes nesta investigação foram selecionados apenas na província ocidental do Sri Lanka devido a limitações de tempo e de custos. Assim, os resultados não podem ser generalizados a todas as províncias do Sri Lanka.

6.4 Recomendações e trabalho futuro

De um modo geral, os participantes mostraram-se dispostos a utilizar o M-learning. Este facto obriga os investigadores no domínio do M-learning a esforçarem-se por adaptar esta tecnologia aos métodos de ensino e aprendizagem.

O investigador recomenda que sejam criadas mais infra-estruturas técnicas nos campus universitários para ajudar os estudantes a aprender através dos seus dispositivos móveis. Também seria aconselhável fornecer aos estudantes e professores mais informações sobre os benefícios da aprendizagem móvel através de workshops e seminários.

Além disso, deve ser organizada uma série de cursos de formação para os docentes, a fim de os familiarizar e integrar na administração do M-learning. Seguem-se algumas sugestões para investigação futura na área da implementação do M-learning no ensino superior:

- Uma vez que esta investigação se limita a estudar a adoção e a implementação do M-learning na província ocidental do Sri Lanka, uma investigação alargada deveria envolver outros estudantes de diferentes disciplinas e diferentes universidades noutras províncias (universidades privadas e abertas). Isto poderia acrescentar um valor significativo à generalização da investigação.

- O trabalho futuro pode utilizar outras teorias de aceitação da tecnologia para compreender as necessidades dos estudantes e dos professores e os factores que afectam a sua aceitação.

- A investigação investigou o grau de preparação dos estudantes e dos professores e as suas preocupações relativamente à aprendizagem eletrónica. Seria útil investigar as preocupações das partes interessadas (criadores, gestores) relativamente à aprendizagem eletrónica.

- Os trabalhos de investigação futuros devem tentar implementar este protótipo, acrescentando novas funcionalidades com novas tecnologias.

Apêndices

Os formulários do Questionário dos Estudantes e do Questionário dos Docentes encontram-se em anexo nas duas páginas seguintes.

Referências

[1] A. Litchfield, L. Dyson, E. Lawrence e A. Bachfischer, "Diretions for mlearning research to enhance active learning", UTS Publishing , janeiro de 2007. [Em linha]. Disponível: http://hdl.handle.net/10453/2120. [Acedido em 10 de outubro de 2014].

[2] K. Yatigammana , M. G. Md Johar e C. Gunavardhana , "Impact of Innovation Attributes and Psychological Wellbeing Towards E-learning Acceptance of Postgraduate Students: Comparison of Sri Lanka and Malaysia," *The Online Journal of Distance Education and E-learning,* vol. 2, no. 1, p. 20

[3] S.K. Behera & S. Kanho, "E- AND M-LEARNING: A COMPARATIVE STUDY," *Int. J. New Trends Education Their Implications ,* vol. 4, no. 3, pp. 65-78, Jul.2013.

[4] G.James , "Advantages and Disadvantages of Online Learning" (Vantagens e Desvantagens da Aprendizagem em Linha).

[5] K. Jairak, P. Praneetpolgrang e K. Mekhabunchakij , "An Acceptance of Mobile Learning for Higher Education Students in Thailand," in *The Sixth International Conference on eLearning for Knowledge-Based Society*, Tailândia , 2009.

[6] A. B. Nassuora, "Students Acceptance of Mobile Learning for Higher Education in Saudi Arabia," *International Journal of Learning Management Systems,* vol. 1, no. 1, pp. 1-9 , 2013

[7] H. Thüs, M. A. Chatti, . Y. Esra, C. Pallasch, . B. Kyryliuk, T. Mageramov e . U. Schroeder, "Mobile Learning in Context", Universidade RWTH Aachen, Alemanha .

[8] A. Abu-Al-Aish e S. Love , "Factors influencing students' acceptance of m- learning: An investigation in higher education," *The International Review of Research in Open and Distance Learning,* vol. 14, no. 5, dezembro de 2013.

[9] M.O. Mohomad El-hussein, e J.C. Cronje "Defining Mobile Learning in the Higher Education Landscape," *Educational Technology & Society*, vol. 13, no. 3, pp. 1221, 2010.

[10] O. Al-Hujran, E. Al-Lozi e M. M. Al-Debei, "Get Ready to Mobile Learning": Examining Factors Affecting College Students'Behavioral Intentions to Use M-Learning in Saudi Arabia," *Jordan Journal of Business Administration,* vol. 10, no. 1, pp. 111127, 2014

[11] M. L. Azevedo de Carvalho, ,. H. C. d. Azevedo Guimaraes, A. M. C. Gobbo, A. S. d. Freitas, J. . B. Ferreira e C. J. Giovannini, "Intenção de uso de M-Learning em ambientes de ensino superior", EnANPAD, 2012

[12] J. Traxler, "Defining, Discussing, and Evaluating Mobile Learning: The moving finger writes and having writ ," *International Review of Research in Open and Distance Learning,* vol. 8, no. 2, pp. 1-12, 2007 .

[13] J. Traxler, "Learning in a Mobile Age", *International Journal of Mobile and Blended Learning,* vol. 1, n.º 1, pp. 1-12, 2009.

[14] A. Barker, G. Krull e B. Mallinson , "A Proposed Theoretical Model for M- Learning Adoption in Developing Countries", Universidade de Rhodes, África do Sul.

[15] L. Naismith, P. Lonsdale, G. Vavoula e M. Sharples, "Literature Review in Mobile Technologies and Learning", Universidade de Birmingham.

[16] B. I. Fozdar e L. S. Kumar, "Mobile Learning and Student Retention," *International Review of Research in Open*

and Distance Learning, vol. 8, no. 2, pp. 1-18, 2007 .

[17] Y. Park, "A Pedagogical Framework for Mobile Learning: Categorizando as aplicações educacionais das tecnologias móveis em quatro tipos", *Int. Rev. Research Open Distance Learning,* vol. 12, n.º 2, pp. 80-100, Fev.2011

[18] P. Rosman, "M-LEARNING - AS A PARADIGM," INFORMACNi MANAGEMENT, 2008 .

[19] P. Pollara e K. K. Broussard, "Student Perceptions of Mobile Learning: A Review of Current Research," in *In Proceedings of Society for Information Technology & Teacher Education InternationalConference*, 2011

[20] J. H. Huang e Y. R. Lin, "Elucidating user behavior of mobile learning: A perspective of the extended technology acceptance model," *User behaviour of mobile learning.* , vol. 25, no. 5, pp. 585-598 , 2007.

[21] R. L. Donaldson, "Student Acceptance of Mobile Learning", Doutoramento em Filosofia, THE FLORIDA STATE UNIVERSITY COLLEGE OF COMMUNICATION & INFORMATION, Florida, 2011.

[22] R. Toteja e S. Kumar, "Usefulness of M-Devices in Education: A Survey," Elsevier Ltd, Malásia , 2012.

[23] K. M. Callum, "Caraterísticas dos estudantes e variáveis que determinam a adoção da aprendizagem móvel: An Initial Study".

[24] A. Y. Almatari, N. A.Iahad e A. S. Balaid, "Factors Influencing Students' Intention to Use M-learning," *JOURNAL OF INFORMATION SYSTEMS RESEARCH AND INNOVATION,* pp. 1-8.

[25] K. M. Callum, L. Jeffrey e Kinshuk "Factores que afectam a adoção da aprendizagem móvel pelos professores", *Journal of Information Technology Education: Research* , vol. 13, pp. 142-154 , 2014.

[26] V. Venkatesh, "USER ACCEPTANCE OF INFORMATION TECHNOLOGY: TOWARD A UNIFIED VIEW," 2003

[27] P.Surendran, "Modelo de Aceitação de Tecnologia: A Survey of Literature" International Journal of Business and Social Research (IJBSR),vol.2, no. 4, pp. 175-178, Aug.2012

[28] "Pesquisa Quantitativa". Internet: http ://en. wikipedia.org /wiki /Quantitative research,[October 07,2014]]

[29] "Investigação Quantitativa e Qualitativa" Internet:

https://expk>rable.com/quantitative-and-qualitative-research.[November 08, 2014]

[30] D. MCCONATHA, . M. PRAUL e M. J. LYNCH, "MOBILE LEARNING IN HIGHER EDUCATION: AN EMPIRICAL ASSESSMENT OF A NEW EDUCATIONAL TOOL," *The Turkish Online Journal of Educational Technology - TOJET,* vol. 7, no. 3, pp. 15-21 , 2008

[31] G. Kurubacak, "Identifying Research Priorities and Needs in Mobile Learning Technologies for Distance Education: A Delphi Study," *International Journal of Teaching and Learning in Higher Education* , vol. 19, no. 3, pp. 216-227, 2007.

[32] M. A. C. E. Y. C. P. B. K. Hendrik Thüs, "Mobile Learning in Context", Universidade RWTH Aachen, Alemanha

[33] M. Brown, "Mobile Learning: Context and Prospects," EDUCAUSE Learning Initiative, 2010

[34] J.S. Mtebe & R. Raisamo, "Investigating students' behavioural intention to adopt and use mobile learning in higher education in East Africa," *Int. J. Education*

Development Using Information Communication Technology (IJEDUCT), vol. 10, no. 3, pp. 4-20, 2014

[35] M. Jambulingam, "Behavioural Intention to Adopt Mobile Technology among Tertiary Students," *World Applied Sciences J.* , vol. 22, no. 9, pp. 1262-1271, 2013.

[36] A.A. Taiwo, & A.G. Downe, "A TEORIA DA ACEITAÇÃO E UTILIZAÇÃO DA TECNOLOGIA PELO UTILIZADOR (UTAUT): A META-ANALYTIC REVIEW OF EMPIRICAL FINDINGS," *J. Theoretical Applied Inform. Technology*, vol. 49, no. 1, pp. 48-58, 10 Mar. 2013.

[37] V. Venkatesh & F.D. Davis, "A Theoretical Extension of the Technology Acceptance Model: Four Longitudinal Field Studies," *Management Science*, vol. 46, no. 2, pp. 188-204, Fev. 2000.

[38] T. D. Thomas, L. Singh e K. Gaffar, "The utility of the UTAUT model in explaining mobile learning adoption in higher education in Guyana," *International Journal of Education and Development using Information and Communication Technology (IJEDICT),* vol. 9, no. 3, pp. 71-85, 2013.

[39] S. Y. Park, "An Analysis of the Technology Acceptance Model in Understanding University Students' Behavioral Intention to Use e-Learning," International Forum of Educational Technology & Society (IFETS), vol. 12, no. 3 , pp. 150-162, 2009.

[40] R. H. Shroff, C. C. Deneen e E. M. W. Ng, "Analysis of the technology acceptance model in examining students' behavioural intention to use an e- portfolio system," Australasian Journal of Educational Technology, vol. 27, no. 4, pp. 600-618, 2011.

[41]M. Chuttur, "Overview of the Technology Acceptance Model: Origins,Developments and Future Diretions," Working Papers on Information Systems, vol. 9, no. 37.

[41] S. K. Sharma e J. K. Chandel, "Technology Acceptance Model for the Use of Learning Through Websitres Among Students in Oman," International Arab Journal of eTechnology, vol. 3, n.º 1, pp. 44-49, 2013.

[43] Q. Zhu, W. Guo e Y. Hu, "Mobile Learning in Higher Education - Students' acceptance of mobile learning in three top Chinese universities," JONKOPING INTERNATIONAL BUSINESS SCHOOL - JONKOPING UNIVERSITY, China , 2012.

[44] A. Abu-Al-Aish, "TOWARD MOBILE LEARNING DEPLOYMENT IN HIGHER EDUCATION," Escola de Sistemas de Informação, Computação e Ciências Matemáticas - Universidade de Brunel, Londres , 2014.

[45] Y. Liu, "AN ADOPTION MODEL FOR MOBILE LEARNING", Departamento de Gestão da Informação, Instituto de Investigação Avançada em Sistemas de Gestão - Universidade Âbo Akademi, Finlândia.

[46] S. Iqbal e I. A. Qureshi, "M- Learning Adoption: A Perspective from a Developing Country," The International Review of Research in Open and Distance Learning, vol. 13, no. 3, pp. 1-11, 2012.

[47] S. So, "A Study on the Acceptance of Mobile Phones for Teaching and Learning with a Group of Pre-service Teachers in Hong Kong", Journal of Educational Technology Development and Exchange, vol. 1, n.º 1, pp. 81-92, 2008.

[48] D. Phuangthong e S. Malisawan, "A Study of Behavioral Intention for 3G Mobile Internet Technology: Preliminary Research on Mobile Learning," Proceedings of the Second International Conference on eLearning for Knowledge-Based Society, vol. 4, no. 7, pp. 17.1 - 17.7, 2005.

[49] C. Yaneli, B. Imed e A. Said, "ACEITAÇÃO DA TECNOLOGIA E UTILIZAÇÃO ACTUAL COM A APRENDIZAGEM MÓVEL: PRIMEIRA ETAPA PARA ESTUDAR A INFLUÊNCIA DOS ESTILOS DE APRENDIZAGEM NA INTENÇÃO COMPORTAMENTAL," Twenty Second European Conference on Information

Systems, pp. 1-16, 2014.

[50] J. S. Mtebe e R. Raisamo, "Investigating students' behavioural intention to adopt and use mobile learning in higher education in East Africa," International Journal of Education and Development using Information and Communication Technology (IJEDICT), vol. 10, no. 3, pp. 4-20, 2014.

[51] E. Baran, "A Review of Research on Mobile Learning in Teacher Education Education," Educational Technology & Society, vol. 17, no. 4, pp. 17-32, 2014.

[52] C. Armatas , D. Holt e M. Rice , "Balancing the possibilities for mobile technologies in higher education", conferência ascilite 2005, pp. 27-35, 2005.

[53] S. Deb, "Effective Distance Learning in Developing Countries Using Mobile and Multimedia Technology," International Journal of Multimedia and Ubiquitous Engineering, vol. 6, no. 2, pp. 33-40, 2011.

[54] M. Barati e S. Zolhavarieh, "Mobile Learning and Multi Mobile Service in Higher Education," International Journal of Information and Education Technology, vol. 2, no. 4, pp. 297-299, 2012.

[55] M. Ally, "Mobile Learning", International Review of Research in Open and Distance Learning, vol. 8, n.º 2, pp. 1-4, 2007.

[56] S. M. Jacob e B. Issac, "Mobile Learning Culture and Effects in Higher Education," IEEE MULTIDISCIPLINARY ENGINEERING EDUCATION MAGAZINE, vol. 2, n.º 2, pp. 19-21, 2007.

[57] C. Evans, "The effectiveness of m-learning in the form of podcast revision lectures in higher education," Computers & Education, pp. 491 - 498, 2008.

[58] F. N. Al-FAHAD, "STUDENTS' ATTITUDES AND PERCEPTIONS TOWARDS THE EFFECTIVENESS OF MOBILE LEARNING IN KING SAUD UNIVERSITY, SAUDI ARABIA," The Turkish Online Journal of Educational Technology - TOJET, vol. 8, no. 2, pp. 111-119, 2009.

[59] E. Rapetti, A. Picco e S. Vannini, "A aprendizagem móvel é um recurso no ensino superior? Data evidence from an empirical research in Ticino (Switzerland)," Journal of e-Learning and Knowledge, vol. 7, no. 2, pp. 47-57, 2011.

[60] A. Barker, G. Krull e B. Mallinson, "A Proposed Theoretical Model for M- Learning Adoption in Developing Countries", Departamento de Sistemas de Informação, Universidade de Rhodes, África do Sul.

[61] M. Grimus, M. Ebner e A. Holzinger, "Mobile Learning as a chance to enhance education in developing countries - on the example of Ghana", pp. 1-6.

[62] N. S. Alzaza, "Opportunities for Utilizing Mobile Learning Services in the Palestinian Higher Education," International Arab Journal of e-Technology, vol. 2, no. 4, pp. 216-222, 2012.

[63] Y. Mehdipour e H. Zerehkafi, "Mobile Learning for Education: Benefits and Challenges," International Journal of Computational Engineering Research, vol. 3, no. 6, pp. 93-101, 2013.

Printed by Books on Demand GmbH, Norderstedt / Germany